枝晶生长
微观模型及应用

张显飞　张玉妥　著

化学工业出版社

·北京·

内 容 简 介

本书系统介绍了金属凝固过程中树枝晶生长的微观模型、数值计算方法，应用相场法和元胞自动机法模拟了纯金属和合金的树枝晶生长过程。全书分为两部分：第一部分介绍经典形核、界面稳定性、树枝晶生长的基础理论和常用数值计算方法；第二部分以作者工作成果为基础，介绍了模拟树枝晶生长的相场模型和元胞自动机模型，并给出了这两种模型的应用。

本书可供相关专业科技人员参考，也可供高等院校材料学、材料成型及控制工程、冶金学、机械工程等专业相关的本科生和研究生使用。

图书在版编目（CIP）数据

枝晶生长微观模型及应用/张显飞，张玉妥著. —北京：化学工业出版社，2022.8
ISBN 978-7-122-41956-9

Ⅰ.①枝…　Ⅱ.①张…　②张…　Ⅲ.①枝晶-微观模型　Ⅳ.①TG113.1

中国版本图书馆 CIP 数据核字（2022）第 141458 号

责任编辑：韩庆利　　　　　　　　　文字编辑：李　玥
责任校对：杜杏然　　　　　　　　　装帧设计：刘丽华

出版发行：化学工业出版社（北京市东城区青年湖南街 13 号　邮政编码 100011）
印　　装：北京天宇星印刷厂
787mm×1092mm　1/16　印张 9¾　字数 219 千字　2022 年 11 月北京第 1 版第 1 次印刷

购书咨询：010-64518888　　　　　　售后服务：010-64518899
网　　址：http://www.cip.com.cn
凡购买本书，如有缺损质量问题，本社销售中心负责调换。

定　　价：78.00 元　　　　　　　　　　　　　版权所有　违者必究

前　言

金属的凝固是一个复杂的相变过程，涉及能量、质量和动量传输以及液、固相之间的热力学平衡。随着温度的降低，熔体经历形核和长大过程，形成最终的凝固组织，树枝晶是金属或合金最常见的一种凝固组织。

当外界条件（如温度、压力等）的变化使金属或合金熔体处于亚稳态，便会有转变为一个或几个较为稳定的新相的倾向，当相变驱动力足够大时，熔体内形成晶胚。对于尺寸小的晶胚，体积自由能的下降不能补偿界面能的增加，晶胚就会消失；只有超过临界尺寸的晶胚才能稳定地存在并长大，这种超过临界尺寸的晶胚称为晶核。晶核形成后通过固液界面的移动逐步消耗液相而长大。由于固液界面具有各向异性，固相会择优取向生长形成树枝晶。

描述树枝晶形态和微观尺度的参数主要有枝晶尖端生长速度、枝晶尖端半径、一次枝晶间距和二次枝晶间距。树枝晶的形态及微观尺度对材料的力学性能具有决定性的影响，其形成过程一直是凝固领域的重要研究内容之一。从20世纪40年代开始，现代凝固理论逐渐发展起来，出现了不同的分析方法和分析模型，树枝晶生长理论日臻完善。

树枝晶形成过程受多种因素的影响，如金属或合金本身性质、温度场、浓度场、流场以及外场等的作用，而且树枝晶形态复杂，因此，用分析模型描述其整个形成过程是很困难的。随着计算机技术的发展，可以通过构建准确的数值计算模型来研究树枝晶的形成。常用的模拟方法有相场法、元胞自动机法和界面跟踪法。这些数值方法逐步发展完善，从模拟单枝晶到多枝晶，从二元合金到多元合金的凝固。通过耦合求解流场、浓度场、温度场和枝晶生长动力学，模拟整个枝晶形态及生长过程，成为实验和理论分析之外研究树枝晶生长的一种重要工具。

本书由两部分构成，共4章。第一部分金属凝固过程理论和数值模拟方法。包括形核、固液界面稳定性和枝晶生长理论基础及数值模拟方法，共2章内容。第二部分枝晶生长数值模拟，包括用相场法和元胞自动机法模拟纯金属和合金的树枝晶生长，共2章内容。本书第1、2、4章由张显飞编写，第3章由张玉妥编写。本书旨在将树枝晶形成的基本理论与数值计算方法结合起来，可供相关领域的研究生和科研工作者参考。

限于水平和编写时间，本书难免存在疏漏之处，敬请读者批评指正。

著　者

目　录

第1章
枝晶生长理论基础

凝固是一个复杂的相变过程，涉及能量、质量、动量的传输以及液、固相之间的热力学平衡关系。研究合金凝固组织形成过程、组织形态以及微观尺度与凝固参数的关系，以便通过控制凝固参数来调整合金凝固组织，达到控制合金材料性能的目的，是材料领域的重要研究内容之一。

树枝晶（dendrite）简称枝晶，是最常见的晶体微观组织，如雪花、玻璃上形成的冰花，金属合金、有机合金材料（如丁二腈-乙醇）等凝固形成的组织都有树枝晶。树枝晶的形成与材料及凝固条件有关，其形成过程及形态是金属凝固领域研究的一个重要组成部分。

在过去几十年里，人们已经在理论和实验上对树枝晶生长开展了广泛深入的研究，建立了许多预测树枝晶组织的理论模型及经验关系。本章介绍凝固过程热力学、固相形核、固液界面稳定性、树枝晶形态、固液界面能和流体流动对树枝晶生长的影响等内容，这些是凝固过程树枝晶组织形成的一般理论，是树枝晶生长的数值模型的建立及模拟的理论基础。

1.1 金属凝固的热力学基础

热力学描述在外场（如温度、压力）作用下一个体系平衡态及由一种平衡态到另一种平衡态转变的行为。液态金属的凝固过程是一个系统自由能降低的自发过程，压力或温度的改变会使体系内某一相处于亚稳态，有向另一种稳态相转变的倾向。热力学给出了体系Gibbs自由能及相平衡条件的具体表达式[1-6]。

1.1.1 单元材料的相平衡

对于单组元材料，体系的状态可用温度 T、压力 p、体积 V 三个热力学变量描述。在热力学上，还有一些变量可以用上述热力学变量的函数表示，称作状态变量，如体系的内能、焓、熵、Gibbs自由能等。Gibbs自由能定义为：

$$G = E + pV - TS \tag{1.1}$$

式中，E 为系统内能；S 为熵。因为系统的焓 $H = E + pV$，因此 Gibbs 自由能也可写成：

$$G = H - TS \tag{1.2}$$

根据热力学第二定律，对于一个封闭系统，在平衡态下自由能最小（或熵最大）。等温等压条件下，平衡态的一般条件为：

$$dG = 0 \text{ 或 } G = \min \tag{1.3}$$

等温等压条件下，由液相和固相组成的体系，其 Gibbs 自由能为：

$$G = X_L G_L^m + X_S G_S^m \tag{1.4}$$

式中，G_L^m、G_S^m 分别为液相和固相的摩尔 Gibbs 自由能；X_L、X_S 分别为液相和固相的摩尔分数。

根据式（1.4），在平衡态下系统 Gibbs 自由能最小或 Gibbs 自由能的偏导数为零，即：

$$\frac{\partial G}{\partial x_L} = G_L^m - G_S^m = 0 \tag{1.5}$$

定义 $G_L^m = G_S^m$ 时的温度为平衡态熔点温度 T_f。根据式（1.2）得：

$$
\begin{aligned}
G_L^m(T_f) - G_S^m(T_f) &= [H_L^m(T_f) - T_f S_L^m(T_f)] - [H_S^m(T_f) - T_f S_S^m(T_f)] \\
&= [H_L^m(T_f) - H_S^m(T_f)] - T_f[S_L^m(T_f) - S_S^m(T_f)] \\
&= L_f^m - T_f \Delta S_f^m = 0
\end{aligned}
\tag{1.6}
$$

或

$$\Delta S_f^m = \frac{L_f^m}{T_f} \tag{1.7}$$

式中，L_f^m 为摩尔熔化焓，更常用的名称为摩尔熔化潜热；ΔS_f^m 为熔化熵。

当温度低于熔点时，实际温度与熔点的差称为过冷度：$\Delta T = T_f - T$。体系的 Gibbs 自由能变化为：

$$\Delta G^m(T) = G_L^m(T) - G_S^m(T) = [H_L^m(T) - H_S^m(T)] - T[S_L^m(T) - S_S^m(T)] \tag{1.8}$$

1.1.2 二元合金的相平衡

（1）自由能、化学势和活度

在由 A、B 两组元组成的体系内，通常称 A 为溶剂，B 为溶质。溶体的 Gibbs 自由能随溶体成分而变化。设组元 A、B 的物质的量分别为 n_A、n_B；摩尔分数分别为 X_A、X_B，体系的 Gibbs 自由能是温度、压力、组元物质的量的函数，则 dG 为：

$$dG = V dp - S dT + \mu_A dn_A + \mu_B dn_B \tag{1.9}$$

式中，$\mu_A = \dfrac{\partial G}{\partial n_A}$、$\mu_B = \dfrac{\partial G}{\partial n_B}$ 分别为组元 A、B 的化学势。

将式（1.9）除以体系的物质的量，可得到摩尔自由能的变化 dG^m：

$$dG^m = V^m dp - S^m dT + (\mu_B - \mu_A) dX_B \tag{1.10}$$

式中，G^m 为体系的摩尔 Gibbs 自由能；V^m 为摩尔体积；S^m 为摩尔熵。

恒温恒压下，体系的 Gibbs 自由能与组元的物质的量成正比，如图 1.1 所示。

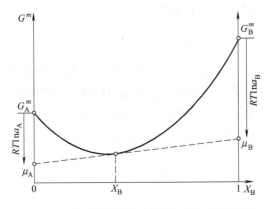

图 1.1 二元合金体系摩尔自由能与合金成分的关系

$$G = n_A \mu_A + n_B \mu_B \tag{1.11}$$

将式（1.11）微分得：

$$dG^m = n_A d\mu_A + n_B d\mu_B + \mu_A dn_A + \mu_B dn_B \tag{1.12}$$

温度和压力恒定时，式（1.12）与式（1.9）相等，则有：

$$n_A d\mu_A + n_B d\mu_B = 0 \tag{1.13}$$

将式（1.13）和式（1.11）除以体系总物质的量，则可得到相应的用摩尔分数表示的关系式。式（1.13）用摩尔分数表示为：

$$X_A d\mu_A + X_B d\mu_B = 0 \tag{1.14}$$

式（1.11）用摩尔分数表示为：

$$G^m = X_A \mu_A + X_B \mu_B \tag{1.15}$$

将摩尔 Gibbs 自由能的表达式对 X_B 微分得：

$$\frac{\partial G^m}{\partial X_B} = \mu_B - \mu_A \tag{1.16}$$

将式（1.15）、式（1.16）移项得：

$$X_A \mu_A = G^m - X_B \mu_B \tag{1.17}$$

$$\mu_B = \frac{\partial G^m}{\partial X_B} + \mu_A \tag{1.18}$$

式（1.18）代入式（1.17），并整理：

$$X_A \mu_A = G^m - X_B \left(\frac{\partial G^m}{\partial X_B} + \mu_A \right)$$

$$X_A \mu_A = G^m - X_B \left(\frac{\partial G^m}{\partial X_B} \right) - X_B \mu_A$$

$$X_A \mu_A + X_B \mu_A = G^m - X_B \left(\frac{\partial G^m}{\partial X_B} \right)$$

$$(X_A + X_B) \mu_A = G^m - X_B \left(\frac{\partial G^m}{\partial X_B} \right)$$

$$\mu_A = G^m - X_B \left(\frac{\partial G^m}{\partial X_B} \right) \tag{1.19}$$

用相同的方法，可得到组元 B 的化学势为：

$$\mu_B = G^m + (1-X_B)\left(\frac{\partial G^m}{\partial X_B}\right) \tag{1.20}$$

式（1.19）和式（1.20）定义了二元合金系两组元化学势求解的切线法则。对于成分为 X_B 的二元体系，在 X_B 处作摩尔自由能曲线的切线，切线与纵坐标轴的交点分别对应成分为 $X_A = 1(X_B = 0)$ 和 $X_B = 1$，对应的纵坐标值即为组元 A 和 B 的化学势。

图 1.1 中，a_A 和 a_B 分别为组元 A 和 B 的活度，其定义为：

$$a_A = \exp\left(-\frac{G_A^m - \mu_A}{RT}\right)$$

$$a_B = \exp\left(-\frac{G_B^m - \mu_B}{RT}\right) \tag{1.21}$$

式中，G_A^m、G_B^m 分别为组元 A 和 B 的摩尔自由能；R 为气体常数。

所以 A、B 的化学势为：

$$\mu_A = G_A^m + RT\ln a_A$$

$$\mu_B = G_B^m + RT\ln a_B \tag{1.22}$$

（2）理想溶体模型和正规溶体模型

理想溶体模型认为，充分混合的溶体，其两组元 A、B 在混合前的 A-A 键能 u_{AA}、B-B 键能 u_{BB} 与混合后新产生的 A-B 键能 u_{AB} 满足如下关系：

$$u_{AB} = \frac{u_{AA} + u_{BB}}{2} \tag{1.23}$$

理想溶体的体积、内能分别为：

$$V^m = X_A V_A^m + X_B V_B^m$$

$$E^m = X_A E_A^m + X_B E_B^m \tag{1.24}$$

式中，E_A^m、E_B^m 为纯组元 A、B 的摩尔内能。

两种原子混合会产生混合熵 S_{mix}^m，因此理想溶体的熵为：

$$S^m = X_A S_A^m + X_B S_B^m + S_{mix}^m \tag{1.25}$$

式中，S_A^m、S_B^m 为纯组元 A、B 的摩尔熵。

所以理想溶体的摩尔 Gibbs 自由能为：

$$\begin{aligned}
G^m &= (X_A E_A^m + X_B E_B^m) + p(X_A V_A^m + X_B V_B^m) - T(X_A S_A^m + X_B S_B^m + S_{mix}^m) \\
&= X_A(E_A^m + pV_A^m - TS_A^m) + X_B(E_B^m + pV_B^m - TS_B^m) - TS_{mix}^m \\
&= X_A G_A^m + X_B G_B^m - TS_{mix}^m
\end{aligned}$$

$$\tag{1.26}$$

混合熵通常由 Boltzmann 方程给出。含有 N_A 个 A 原子和 N_B 个 B 原子（$N_A + N_B = N_a$，N_a 为 Avogadro 常数）混合成的理想溶体，混合熵为：

$$S_{mix}^m = k_B \ln\frac{N_a!}{N_A! \, N_B!} \tag{1.27}$$

式中，k_B 为 Boltzmann 常数。

应用斯特林公式，式（1.27）可写成：

$$S_{mix}^m = -R(X_A \ln X_A + X_B \ln X_B) \tag{1.28}$$

综上，理想溶体的 Gibbs 自由能为：

$$G^m = X_A G_A^m + X_B G_B^m + RT(X_A \ln X_A + X_B \ln X_B) \tag{1.29}$$

正规溶体模型是在理想溶体模型基础上，考虑了过剩自由能 $G^{ex} = I_{AB}^m X_A X_B$，式（1.29）变为：

$$G^m = X_A G_A^m + X_B G_B^m + I^m X_A X_B + RT(X_A \ln X_A + X_B \ln X_B)$$

$$G^m = \sum X_i G_i^m + RT \sum X_i \ln X_i + G^{ex} \tag{1.30}$$

式中，I_{AB}^m 为组元 A、B 的相互作用能。等号右侧第一项为机械混合物项，第二项为理想溶液项，第三项为过剩自由能项。

（3）固液两相平衡

对于二元合金体系，通常固相和液相的成分是不同的。假设 A-B 二元体系，固相成分为 X_{BS}，液相成分为 X_{BL}，固相和液相的摩尔 Gibbs 自由能分别为 G_S^m 和 G_L^m，液相中组元 A、B 的化学势为 μ_{AL} 和 μ_{BL}，固相中两组元的化学势分别为 μ_{AS} 和 μ_{BS}，固液两相平衡时，满足：

$$\mu_{AL} = \mu_{AS}$$
$$\mu_{BL} = \mu_{BS} \tag{1.31}$$

图 1.2 显示了 A-B 二元体系固液平衡条件。如要满足式（1.31），固相和液相的成分必须是固相和液相 Gibbs 自由能曲线的公切线的切点对应的成分，这就是公切线法则。

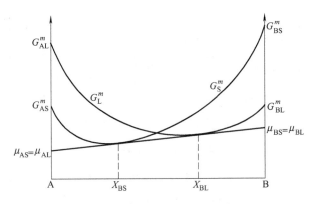

图 1.2　二元体系固液平衡的公切线法则

对于含有 n 个组元的多元体系，体系的摩尔 Gibbs 自由能是温度、压力、$n-1$ 个溶质成分的函数，组元之间存在相互作用。如果只考虑两个组元的相互作用能，多元体系的 Gibbs 自由能为：

$$G^m = \sum_i^n X_i G_i^m + \sum_i^n \sum_{j>i}^n I_{ij}^m X_i X_j + RT \sum_i^n X_i \ln X_i \tag{1.32}$$

多元体系中固液两相平衡的条件与二元体系两相平衡条件相同，同一组元在两相中的化学势相等。对于多相平衡，同一组元在各个相中的化学势全部相等。

由于固相和液相结构不同，造成了固液界面处原子具有过剩自由能。过剩自由能在界面厚度上的积分再乘以摩尔体积就是固液界面能。

$$\sigma_{SL} = V^m \int \Delta G^m(z) \, \mathrm{d}z \qquad (1.33)$$

式中，z 为固液界面厚度；$\Delta G^m(z)$ 为界面上的过剩自由能。

考虑固液界面能，体系总的 Gibbs 自由能为：

$$G = G_S^m n_S + G_L^m n_L + A_{SL} \sigma_{SL} \qquad (1.34)$$

式中，n_S、n_L 分别为固相和液相中原子数；σ_{SL} 为固液界面能；A_{SL} 为固液界面面积。

1.1.3 相图计算

相图计算是根据已有的合金热力学数据，计算获得两相共存区两相的溶质成分，使体系的 Gibbs 自由能最小。在某一温度下，相图计算首先要确定体系是否进入两相区。判断的依据是液相和固相的自由能曲线是否相交。如果两相的自由能曲线不相交，说明体系处于单相区，哪一相的自由能低，体系就处于哪一相。如图 1.3 所示，当温度为 T_1 时，液相自由能曲线低于固相自由能曲线，因此体系处于完全液相区；当温度为 T_3 时，固相自由能曲线低于液相自由能曲线，体系处于完全固相区；如果两相的自由能曲线相交，则体系处于固液两相区[4,6]，如图 1.3（b）所示。

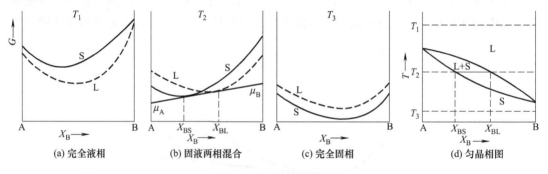

(a) 完全液相　　(b) 固液两相混合　　(c) 完全固相　　(d) 匀晶相图

图 1.3　相图的计算原理

当体系处于固液两相区时，需通过建立计算模型计算两相平衡溶质成分。通常由平衡各相中的各个组元的化学势相等条件，同时考虑溶质守恒，建立方程组，求解化学势相等的平衡状态。

以上分析都是在固定温度下进行的。如果在合金从完全液相到完全固相的温度范围内，对不同温度下的体系进行相同的热力学分析，则可得到不同温度下固相和液相的平衡溶质成分。将不同温度下的平衡液相溶质成分连接构成液相线，将不同温度下固相平衡成分连接构成固相线。以合金成分为横坐标，以温度为纵坐标，将固相线、液相线绘制在同一个图里就构成了相图，如图 1.3（d）所示。

在凝固组织的数值模拟中，通常需要耦合相图计算获得给定温度下平衡的液相和固相溶质成分。大多数情况下合金相图是已知的，可根据温度是否处于液相线和固相线之间判断是否进入两相区。

溶体的自由能用式（1.30）计算，其中不同的溶体模型，有不同的过剩自由能项的计算公式，最常用的是 Redlich-Kister 多项式[6]：

$$G^{ex}=X_A X_B \sum I_i (X_A-X_B)^i \tag{1.35}$$

式中，I_i 称为相互作用系数；i 值不同对应不同的溶体模型。

① 规则溶体模型：当 $i=0$ 时 $G^{ex}=I_0 X_A X_B$；

② 亚规则溶体模型：当 $i=1$ 时，$G^{ex}=X_A X_B[I_0+I_1(X_A-X_B)]$；当 $i=2$ 时，$G^{ex}=X_A X_B[I_0+I_1(X_A-X_B)+I_2(X_A-X_B)^2]$。

另一种计算过剩自由能的多项式是 Bale 和 Pelton 于 1974 年提出的勒让德多项式：

$$G^{ex}=X_A X_B \sum X_j P_i (X_A-X_B) \tag{1.36}$$

式中，j 表示组元；i 表示多项式阶数；P_i 为勒让德多项式：

$$P_n(x)=\frac{1}{2^n n!}\times\frac{\mathrm{d}^n}{\mathrm{d}x^n}(x^2-1)^n \tag{1.37}$$

1.1.4 溶质再分配

如图 1.4 所示，当合金成分 $X_{BS}<X_B<X_{BL}$ 时，为了降低摩尔自由能，此时体系内固液两相共存。同时为达到溶质守恒，体系会调整固相和液相所占比例，即调整固相体积分数。对于此区间的任何溶质成分，都满足：

$$f_L X_{BL}+f_S X_{BS}=X_B \tag{1.38}$$

式中，f_L、f_S 分别为体系中液相和固相的体积分数。

溶质 B 在固液两相内成分的比称为溶质分配系数：

$$k_0=X_{BS}/X_{BL} \tag{1.39}$$

值得注意的是，液相线斜率和固相线斜率是不同的，因此，合金成分不同时，其平衡分

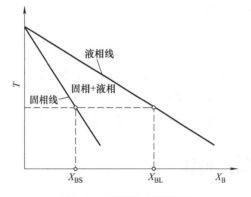

图 1.4　二元相图局部示意图

配系数也是不同的，而且实际合金的相图固相线和液相线为曲线。在实际应用时为简化分析，均假设液相线斜率和平衡分配系数是常数。

1.1.5 溶质捕获

在通常凝固条件下，在凝固固液界面处，体系处于局部平衡，溶质原子有足够的时间扩散至固液界面。如果固液界面前沿液相的溶质浓度为 X_{BL}^*，则固液界面处固相成分为 $X_{BS}^*=k_0 X_{BL}^*$，多余的溶质则排到液相中。这种溶质再分配使固液界面两侧溶剂组元和溶质组元的化学势相等，满足了局部平衡的热力学平衡条件，如图 1.5（a）所示。

当快速凝固时，固液界面移动速度明显提高，溶质原子没有充足的时间"逃离"固液界面，而被界面"捕获"，此时界面局部平衡不再成立，固相和液相的成分不再是平衡分配，固液界面附件固相溶质浓度升高，即 $X_{BS}^*>k_0 X_{BL}^*$ [4]。因此溶质组元在固相中的化

学势大于其在液相的化学势，相应的溶剂组元在固相中的化学势小于其在液相的化学势，如图 1.5（b）所示。当凝固速度足够高时，所有的溶质原子都被固液界面捕获，则固相和液相溶质成分相等，如图 1.5（b）所示。

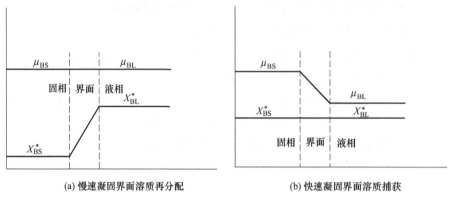

(a) 慢速凝固界面溶质再分配　　　　　　(b) 快速凝固界面溶质捕获

图 1.5　固液界面溶质捕获示意图

由于出现了溶质捕获，固液界面附近固相和液相溶质成分的比称为有效溶质分配系数，有效溶质分配系数大于平衡分配系数，与凝固速度有关。Aziz 提出有效溶质分配系数的连续模型：

$$k_A = \frac{k_0 + \delta_i v_n / D_L}{1 + \delta_i v_n / D_L}$$ (1.40)

式中，k_A 为有效溶质分配系数；δ_i 为界面厚度。

可见，在快速凝固条件下，溶质分配系数不再是常数，而是随凝固速度变化而变化。当 $D_L / v_n \ll \delta_i$ 时，溶质全部被固液界面捕获，此时 $k_A = 1$。

1.2　形核

固态金属是由许多晶粒组成的，当加热到熔点附近，晶粒之间结合受到极大破坏，晶粒之间更容易产生相对运动。加热温度更高时，金属原子间的结合被破坏，使固态金属转变为液态金属。虽然原子间的结合被破坏，但是并不是完全破坏，原子间仍保持较强的结合能，原子排列在较小距离内仍具有一定的规律性。这种排列的规律性仅保持在较小的范围内（约十几个到几百个原子组成的团簇，其大小为 10^{-10} m 数量级），在团簇内保持固体的排列特征，这种现象称作近程有序。

由于液体中原子热运动的能量较大，其能量起伏（或称温度起伏）也大，每个原子团簇内具有较大动能的原子则能克服邻近原子的束缚（原子间结合能造成的势垒），除了在团簇内产生很强的热运动（产生空穴及扩散等）外，还能成簇地脱离原有团簇而加入别的原子团簇，或组成新的原子团簇。因此所有原子团簇都处于瞬息万变状态，时大时小，时而产生，时而消失，此起彼落，犹如在不停地游动。这种现象称作"结构起伏"（或称相起伏）。

原子团簇的平均尺寸、"游动"速度都与温度有关。温度越高，则原子团簇的平均尺寸越小，"游动"速度越快。由于能量起伏，各原子团簇的尺寸也是不同的。

液态合金除了存在能量起伏和结构起伏外，还存在成分起伏（或称浓度起伏）。浓度起伏是指同种元素及不同元素之间的原子间结合力存在差别，结合力较强的原子容易聚集在一起，把别的原子排挤到别处，表现为游动原子团簇之间存在着成分差异。

形核是指由于体系中存在局部结构起伏、成分起伏及能量起伏，使体系中的新相团簇尺寸超过临界值，形成可以稳定长大的新相的过程。经典形核理论从体系的宏观热力学出发，推导出形核驱动力、形核率的表达式。在长期应用中，人们对经典形核理论提出了一些质疑，认为经典形核理论在定量上不准确，但是目前在数值计算中经典形核理论还是应用最广的。本书建立的枝晶生长的数值模型也是应用经典形核理论，因此只介绍经典形核理论，读者可查阅相关资料了解关于经典形核理论的质疑及形核理论的发展。

1.2.1　均质形核

（1）形核驱动力

液态金属的凝固过程是一个系统自由能降低的自发过程。对于均匀的纯溶液，温度高于其熔点时，熔体结构在几个原子半径尺度上为短程有序，而在更大的尺度上为长程无序，固相 Gibbs 自由能高于液相 Gibbs 自由能。当熔体温度低于其熔点 T_f 时，固相 Gibbs 自由能低于液相 Gibbs 自由能，如图 1.6 所示。液相与固相间的自由能差就是形核的驱动力。

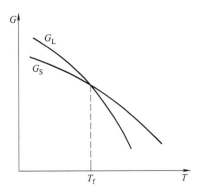

图 1.6　固液两相自由能与温度的关系

考虑由相对较少的原子形成的团簇，固液界面为明锐界面。通常为简化分析，将固相团簇看作由 N 个原子组成半径为 R 的球形，并将固、液两相看作是连续体，固液界面具有几个原子厚，而且 R 远大于固液界面尺寸，不考虑弹性畸变的出现。固液两相均为均匀相，其摩尔自由能分别为 G_S^m 和 G_L^m，界面能为 σ_{SL}。当液相中形成体积为 V_S，固液界面面积为 A_{SL} 的固相晶核时，体系自由能变化为[1,2]：

$$\Delta G = V_S \frac{G_S^m - G_L^m}{V^m} + A_{SL}\sigma_{SL} \tag{1.41}$$

式（1.41）等号右侧两项分别是体自由能和固液界面自由能的变化，体自由能的变化是形核的驱动力。凝固过程中固液界面自由能增加，是形核的阻力。

当过冷度 ΔT 很小时，$G_S^m - G_L^m \approx -\Delta S_f^m \Delta T$[4]，其中 ΔS_f^m 为摩尔熔化熵。

由 Gibbs-Thomson 系数 $\Gamma = \dfrac{\sigma_{SL} V^m}{\Delta S_f^m} = \dfrac{\sigma_{SL}}{\rho \Delta S_f} = \dfrac{\sigma_{SL} T_f}{L}$ 得到 $\rho \Delta S_f = -\rho \Delta S_f^m / V^m$，其中 ρ 为密度；L 为凝固潜热。所以有：

$$\Delta G = V_S \rho \Delta S_f \Delta T + A_{SL}\sigma_{SL} \tag{1.42}$$

将式（1.42）及 $V_S = \dfrac{4}{3}\pi R^3$、$A_{SL} = 4\pi R^2$ 带入式（1.41）得：

$$\Delta G = -\frac{4}{3}\pi R^3 \rho \Delta S_f \Delta T + 4\pi R^2 \sigma_{SL} \tag{1.43}$$

图 1.7 为式（1.43）中各项自由能与晶核半径的关系[4]。当 R 很小时，界面自由能项起支配作用，体系自由能总的倾向是增加的，此时形核过程不能发生；只有当 R 增加到某一临界值 R_c 后，体自由能项才起主导作用，使体系自由能降低，形核过程才能发生。故 $R < R_c$ 的原子团簇在液相中是不稳定的，会溶解其至消失。只有 $R > R_c$ 的原子团簇才是稳定的，可成为核心。R_c 称为晶核的临界半径。

当 $\partial \Delta G / \partial R = 0$ 时，对应晶核半径即是临界晶核半径：

$$R_c = \frac{2\sigma_{SL}}{\rho \Delta S_f \Delta T} = \frac{2\Gamma}{\Delta T} \tag{1.44}$$

将式（1.44）带入式（1.43）得到均质形核时，形成临界晶核的驱动力 ΔG_n^{homo} 为：

$$\Delta G_n^{homo} = \frac{4\pi \sigma_{SL} R_c^2}{3} = \frac{16\pi}{3} \times \frac{\sigma_{SL}^3}{(\rho \Delta S_f)^2 \Delta T^2} \tag{1.45}$$

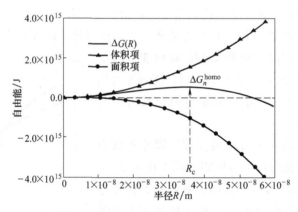

图 1.7　$\Delta T = 5$ 时，纯铝熔体中体自由能、面自由能及总自由能与晶核半径的关系

（2）均质形核的形核率

形核是热力学驱动过程，即原子能量满足 Maxwell-Boltzmann 分布[4]：

$$\frac{n_R}{n_L} = \exp\left[-\frac{\Delta G(R)}{k_B T}\right] \tag{1.46a}$$

或

$$\frac{n_N}{n_L} = \exp\left[-\frac{\Delta G(N)}{k_B T}\right] \tag{1.46b}$$

式中，n_L 为液相中原子密度；n_R 为与液相平衡的半径为 R 的团簇原子密度；N 为半径为 R 的团簇包含的原子数；k_B 为玻尔兹曼常数。

设 $\Delta G(R) = \Delta G_n^{homo}$ 可得到达到临界晶核半径 R_c 的晶胚密度：

$$\frac{n_c}{n_L} = \exp\left[-\frac{\Delta G_n^{homo}}{k_B T}\right] = \exp\left[-\frac{16\pi}{3} \times \frac{\sigma_{SL}^3}{(\rho \Delta S_f)^2 \Delta T^2 k_B T}\right] \tag{1.47}$$

如前所述，$R < R_c$ 的晶胚将会熔化，$R > R_c$ 的晶胚会长大成为晶核。当 $\Delta T < 0$ 时，即熔体温度高于熔点时，对于任意 R，等号右侧两项均为正，即任何 R 的晶胚都将重熔。

临界晶核处于不稳定状态，可能长大也可能消失。为了能够进入稳定状态，临界晶核至少再获得一个原子即可进入稳定状态，并开始长大。所以可以长大的晶核产生的速率应该为具有临界晶核半径的晶胚密度乘以一个频率因子。频率因子与原子波动频率 ν_0、晶胚表面捕获原子的概率 p_c 和原子密度 n_c 成正比。因此均匀形核的形核率可表示为：

$$I^{\text{homo}} = \nu_0 p_c n_c \exp\left[-\frac{16}{3} \times \frac{\sigma_{\text{SL}}^3}{(\rho \Delta S_f)^2 \Delta T^2}\right] = I_0^{\text{homo}} \exp\left[-\frac{16\pi}{3} \times \frac{\sigma_{\text{SL}}^3}{(\rho \Delta S_f)^2 \Delta T^2 k_B T}\right]$$

$$(1.48)$$

式中，$I_0^{\text{homo}} = \nu_0 p_c n_c$ 为前置因子。与温度无关，可由三项值估算。例如，对于铝，$n_c \approx 6 \times 10^{28}$ 原子$/\text{m}^3$，$\nu_0 = 10^{13}/\text{s}$，设 $p_c = 1$ 则：

$$I^{\text{homo}} = (6 \times 10^{41}\,\text{m}^{-3}\,\text{s}^{-1}) \exp\left[-\frac{16\pi}{3} \times \frac{\sigma_{\text{SL}}^3}{(\rho \Delta S_f)^2 \Delta T^2 k_B T}\right] \quad (1.49)$$

对于合金液中的均匀形核，必须要考虑晶核溶质成分。图 1.8 显示了成分为 X_{BL} 的二元合金温度为 T 时 $[T < T_L(X_{\text{BL}})]$ 液固平衡自由能曲线。图中实线分别为固相和液相的 Gibbs 自由能曲线，其中固液界面半径趋于无穷大（$R = \infty$）的固相自由能为 $G_S^{m\infty}$，而半径为 R 的球形固相自由能比半径无穷大的固相自由能要高 $2V^m \sigma_{\text{SL}} R^{-1}$。因此，将 $G_S^{m\infty}$ 曲线沿垂直方向移动即可得到 G_S^{mR}。

需要确定哪一条 G_S^{mR} 曲线可以得到与液相平衡的固相，固相成分为 X_{BS}^R，半径为临界半径 R_c。将形成晶核时的液相成分记为 X_{BL}，假设晶核与液相平衡，根据公切线法则[6]，得：

$$\mu_{\text{AS}}(R_c) = \mu_{\text{AL}}(X_{\text{BL}})$$
$$\mu_{\text{BS}}(R_c) = \mu_{\text{BL}}(X_{\text{BL}})$$

$$(1.50)$$

则临界晶核半径为：

$$R_c = \frac{2V^m \sigma_{\text{SL}}}{G_S^m(R_c) - G_S^m(\infty)} \quad (1.51)$$

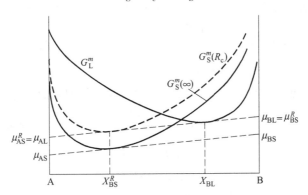

图 1.8　过冷熔体中固相和液相的自由能曲线

1.2.2　异质形核

试验表明，均质形核过冷度约为金属熔点的 $0.18 \sim 0.20$ 倍，但实际金属形核过冷度远远小于均质形核所需过冷度。这是因为液态金属里不可避免地存在外来质点，这些质点在形核所涉及的微观区域内将提供数量巨大的外来界面，使晶核容易在其表面形核，这种现象称作异质形核。

异质形核是指凝固起始于外来物质表面。这种外来物质表面可以是模具表面，或者是熔体与空气接触形成的氧化层，或者是外来粒子。这些粒子可能是熔体不纯而存在的粒子，也可能是为了改善微观组织而人为添加的粒子。

（1）基本理论

当外来物质表面在结构和化学性质满足一定条件，即可作为固相形核的基体，固相将在其上形核，如图 1.9 所示。假设形核基体为平面，晶胚为球冠形。

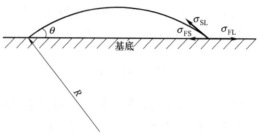

图 1.9 中，平行于晶胚表面的力可用界面能、平衡接触角（润湿角）θ 表示：

$$\sigma_{FL} = \sigma_{FS} + \sigma_{SL}\cos(\theta) \quad (1.52)$$

式中，符号下标 F 表示基体；S 表示固相；L 表示液相。

图 1.9 基体上形核示意图

在以下两种情况下，θ 不能够满足式 $(1.52)^{[4]}$：

① $\sigma_{FL} > \sigma_{FS} + \sigma_{SL}$，此时固相可以完全包裹住外来基体，将液相与外来基体完全隔离开来；

② $\sigma_{FS} > \sigma_{FL} + \sigma_{SL}$，此时，在外来基体上形成固相几乎是不可能的。这种粒子对异质形核过程是没有任何作用的，甚至会被固液界面推动，最后富集在晶界处。

若要使接触角能够满足式（1.52），则必须有：

$$\left| \frac{\sigma_{FL} - \sigma_{FS}}{\sigma_{SL}} \right| < 1 \quad (1.53)$$

当 $0 \leqslant \theta \leqslant \pi/2$ 时，液相能够润湿基体表面；当 $\theta > \pi/2$ 时，不润湿。

在熔体、外来基体组成的体系中，形成固相晶核导致的自由能变化为：

$$\Delta G = V_S \frac{G_S^m - G_S^m}{V^m} + A_{SL}\sigma_{SL} + A_{FS}(\sigma_{FS} - \sigma_{FL}) \quad (1.54)$$

式中，A_{FS} 为晶核与基体接触面积。

假设固相和液相密度相同，半径为 R 的球冠形晶核体积和面积为：

$$V_S = \frac{\pi R^3}{3}(2 - 3\cos\theta + \cos^3\theta) = \frac{\pi R^3}{3}(2 + \cos\theta)(1 - \cos\theta)^2 \quad (1.55)$$

$$A_{SL} = 2\pi R^2(1 - \cos\theta) \quad (1.56)$$

$$A_{FS} = \pi(R\sin\theta)^2 = \pi R^2(1 - \cos^2\theta) \quad (1.57)$$

将式（1.55）~式（1.57）代入式（1.54），可得：

$$\Delta G = \left(-\frac{4\pi R^3}{3}\rho\Delta S_f\Delta T + 4\pi R^2\sigma_{SL} \right)f(\theta) \quad (1.58)$$

式中，$f(\theta) \in [0, 1]$ 为几何因子：

$$f(\theta) = \frac{V_S}{4\pi R^3/3} = \frac{(2 + \cos\theta)(1 - \cos\theta)^2}{4} \quad (1.59)$$

可见异质形核与均质形核的形核驱动力在形式上是一致的，只是异质形核的形核驱动力比均质形核的形核驱动力多乘一个几何因子。异质形核之所以比均质形核容易发生，主要是因为依附在形核基底的形核可以借用部分界面来充当晶核的表面能，从而使形核势垒减小。

异质形核的临界晶核半径与均质形核临界晶核半径在形式上也是一致的。只不过对应的 ΔG 因为乘了几何因子而小得多。

$$\Delta G_n^{\text{heter}} = \Delta G_n^{\text{homo}} f(\theta) = \frac{16\pi}{3} \times \frac{\sigma_{\text{SL}}^3}{(\rho \Delta S_f)^2 \Delta T^2} f(\theta) \tag{1.60}$$

在给定过冷度条件下，无论晶核是完整的球形或是球冠，都可通过 Gibbs-Thomson 方程确定临界晶核半径。对于异质形核，在三相交界处，球冠高度、接触角必须满足式 (1.52)，因此，在平面基体上，异质形核取决于 $f(\theta)$。

图 1.10 给出了 $f(\theta)$ 的图形及三个特殊情况下晶核形状[4]。

① $\theta = \pi$，$f(\theta) = 1$。液相与质点完全不润湿，为均质形核，晶核为完整的球形。

② $\sigma_{\text{SL}} = \sigma_{\text{FL}}$，$\theta = \dfrac{\pi}{2}$，$f(\theta) = 0.5$。晶核为半球形，虽然界面能没有减小，但是基体的存在减少了形成晶胚的原子数（为均质形核的 0.5 倍），因此降低了形核势垒。

③ $\theta = 0$，$f(\theta) = 0$。此时两相完全润湿。出现完全润湿的情况只有一种：固相本身作为形核基底。如在部分重熔的枝晶臂上形核，型壁上断裂的枝晶进入熔体内部作为形核质点等。

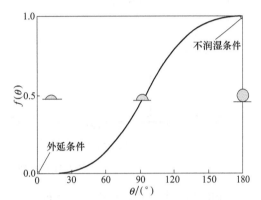

图 1.10　异质形核的几何因子 $f(\theta)$ 与 θ 的关系

（2）异质形核的形核率

对于均质形核，每个原子都可以作为形核质点，而异质形核的形核质点数取决于外来质点的类型和数量。异质形核的形核率可表示为：

$$I^{\text{heter}} = \nu_0 p_c n_p \exp\left[-\frac{16\pi}{3} \times \frac{\sigma_{\text{SL}}^3}{(\rho \Delta S_f)^2 \Delta T^2 k_B T} f(\theta)\right] \tag{1.61}$$

式中，n_p 为熔体中或壁面上形核质点密度。

（3）瞬时形核与连续形核

对于热力学驱动的形核过程，临界晶核的形核率与温度和时间有关。而以上模型得到的结果是，当过冷度达到要求，晶核密度瞬间即能达到 n_p，如图 1.11（a）所示，这就是瞬时形核模型，这不符合实际凝固过程。连续形核模型假设晶核数与过冷度保持连续的依赖关系，形核开始于某一过冷度 ΔT_n，在 $\Delta T_n \sim \Delta T_{\text{max}}$ 之间始终有晶粒出现，如图 1.11（b）所示。

假设熔体中存在不同尺寸的粒子，设尺寸为 $\phi_i \leqslant \phi \leqslant \phi_i + \Delta \phi_i$ 的粒子，粒子密度为 Δn_i，在过冷度 $\Delta T_g(\phi_i)$ 时被激活，作为异质形核质点开始形核，晶核密度瞬时达到

Δn_i，形成的晶核一直生长，直到 $\Delta T \geqslant \Delta T_g(\phi_i)$ 为止。因为粒子尺寸的分布是离散的，所以 $\Delta T_g(\phi_i)$ 的分布也是离散的。这种离散的分布可以用连续分布来代替，即 $\mathrm{d}n/\mathrm{d}(\Delta T)$，如图 1.11（b）中曲线所示。$\mathrm{d}n$ 为单位体积熔体内，在过冷度 ΔT 到 $\Delta T + \mathrm{d}(\Delta T)$ 区间内，能够作为形核质点的粒子数量[1]。

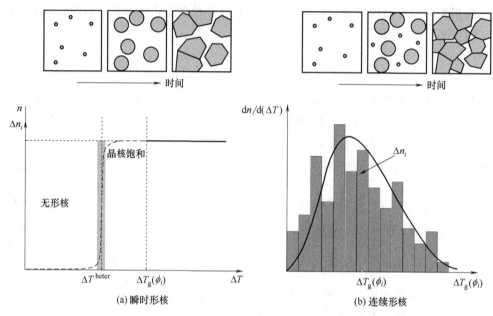

图 1.11　瞬时形核与连续形核示意图

Oldfiled 最早提出了形核质点分布的连续模型，他通过对灰铸铁缓慢冷却实验得到了晶粒密度与 ΔT 的关系[7]：

$$n \approx \Delta T^2 \tag{1.62}$$

将式（1.62）对 ΔT 微分可得到：

$$\frac{\mathrm{d}n}{\mathrm{d}(\Delta T)} = 2A\Delta T \tag{1.63}$$

式中，A 为系数。

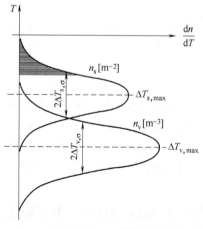

图 1.12　晶粒密度与过冷度之间的关系

利用连续形核模型，结合异质形核理论，Rappaz 和 Gandin[8] 采用概率方法，提出准瞬时形核模型，认为形核是一个渐进过程，晶核密度与过冷度之间满足概率密度分布（如 Gaussian 分布），晶粒密度与过冷度之间的关系见图 1.12，晶核在一系列形核位置上形成，这些位置是连续分布的，其分布为：

$$\frac{\mathrm{d}n}{\mathrm{d}(\Delta T)} = \frac{n_{\max}}{\Delta T_\sigma \sqrt{2\pi}} \exp\left[-\frac{1}{2}\left(\frac{\Delta T - \Delta T_{\max}}{\Delta T_\sigma}\right)^2\right] \tag{1.64}$$

式中，$n_{\max}$ 为有效形核质点的最大密度；$\Delta T_{\max}$ 为最大形核过冷度；ΔT_σ 为标准差。

Gaussian 分布范围为 $-\infty \sim +\infty$，实际上这是不可能的。如果假设形核质点尺寸满足 Log-Normal 分布，将晶核密度对质点尺寸的分布转化成对过冷度的分布为[4]：

$$\frac{dn}{d(\Delta T)} = \frac{n_{max}}{\Delta T_\sigma \sqrt{2\pi}} \times \frac{1}{\Delta T} \exp\left\{-\frac{1}{2}\left[\frac{\ln(\Delta T) - \ln(\Delta T_{max})}{\Delta T_\sigma}\right]^2\right\} \tag{1.65}$$

Goettsch 和 Dantzig[9] 假设晶粒尺寸分布满足 $N = a_0 + a_1 R + a_2 R^2$，用下式计算给定半径 R 的晶核的数量：

$$N(R) = \frac{3N_s}{(R_{max} - R_{min})^3}(R_{max} - R)^2 \tag{1.66}$$

式中，R_{max} 和 R_{min} 分别为最大和最小晶粒半径。N_s、R_{max} 和 R_{min} 须由实验确定。Stefanescu 等[10] 在 Hunt[11] 工作的基础上，提出了如下瞬时形核模型。

$$I = K_3\left[N_s - N(t)\right]\exp\left[-\frac{K_4}{(\Delta T)^2}\right] \tag{1.67}$$

$$K_3 = \frac{n_{sl}D_L}{d^2(N_s - N)} \tag{1.68}$$

$$K_4 = (\Delta T)^2 \ln(N_s K_3) \tag{1.69}$$

式中，K_3、K_4 为常数；d 为原子直径。$N_s(dT/dt)$ 由实验确定。

由于这些模型是在实验的基础上得出的，原理上它们都能用来模拟形核过程。选取的关键是考察哪一个模型能与具体的实验数据符合得更好。通常，对于凝固温度区间较小的合金，用瞬时模型较好。

1.3 晶体微观生长机制

固相晶核一旦形成，便通过固液界面的移动逐步消耗液相而长大。固相长大在微观上是液体原子向固液界面不断堆积的过程，原子堆砌的方式取决于固液界面的微观结构。根据 20 世纪 50 年代杰克逊（Jackson）提出的界面结构理论，固液界面的结构从原子尺度来看，可分为粗糙界面与光滑界面两大类。

（1）粗糙界面

界面固相一侧约 50% 的点阵位置被固相原子所占据，这些原子散乱地随机分布在界面上，从原子尺度上来看是粗糙的、高低不平的，称为粗糙界面。大部分金属属于这种结构。粗糙界面也称为"非小晶面"或"非小平面"，如图 1.13（a）所示。

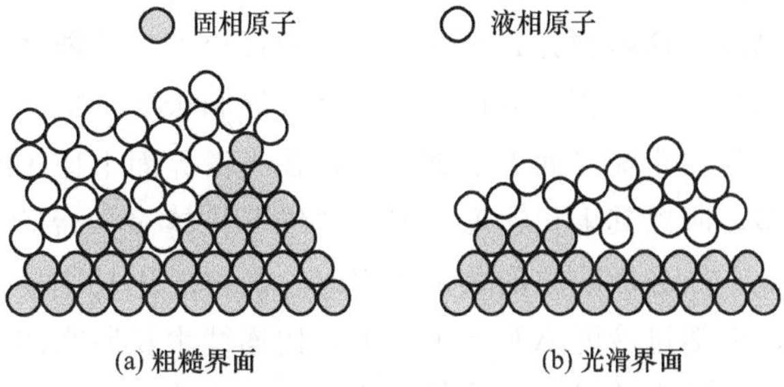

对于粗糙的固液界面，界面上原子占据 50% 左右的位置，存在许多空位可作为液相原子堆砌的台阶，这种台阶存在于一个或几个原子层内。晶体在生长过程中界面上的台阶始终存在，因此液体中的原子可单个进入空位与晶体连接，界面沿

固相原子　　液相原子

(a) 粗糙界面　　　　(b) 光滑界面

图 1.13　两种界面结构

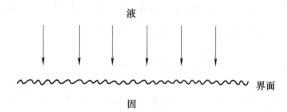

图 1.14 粗糙界面上原子的堆砌

其法线方向前进，液体中的原子可以在界面上各个地方均匀而连续地生长，故这种生长称为连续生长或垂直生长，如图 1.14。

粗糙界面晶体生长速率可根据单位时间内液相到达单位面积固相表面的原子数，单位时间内单位面积固相表面跳到液相的原子数和单位面积固相表面空位数计算得出：

$$v = M\Delta\mu \tag{1.70}$$

式中，M 为原子迁移率；$\Delta\mu$ 为固液两相化学势差。

（2）光滑界面

界面固相一侧的点阵位置几乎全部为固相原子所占据；或者界面的位置几乎全是空位，从原子尺度上来看是光滑平整的。非金属及化合物大多属于此。光滑界面也称"小晶面"或"小平面"，如图 1.13（b）所示。

平整的生长界面具有很强的晶体学特征，一般都是特定的密排晶面，因为这种晶面上原子间的结合较强，原子不易脱落，界面保持比较完整。不过，在这样的界面上，原子难以往上堆砌，即使堆砌上后也不稳定，容易脱落，因此首先要求在界面上形成台阶，以便原子在其侧面堆砌。当现有台阶的侧面铺满后，必须出现新的台阶，才能进行新一层的生长。这种生长方式是通过台阶的侧面生长，以使界面向前推进，如图 1.15 所示。

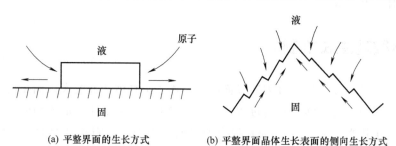

(a) 平整界面的生长方式   (b) 平整界面晶体生长表面的侧向生长方式

图 1.15　固液界面生长方式

台阶的来源可以是界面上的二维形核，或是界面上的晶体缺陷。二维形核可以通过不同途径进行。一种是液体中先形成较大的原子团簇，其中原子的排列方位与界面相同，并同时落到界面上，其概率较小，速度很慢。另一种是原子先各自落到界面上，有的停留一段时间后返回液态，有的则沿着表面运动而聚集在一起，达到一定尺寸后才能稳定而成二维晶核。这两种方式都要求较大的过冷度，才能在液体中有较多的大尺寸原子团簇，而且落到界面上的原子数也大为增多，以利于二维形核。

与在粗糙界面上堆砌相比，在光滑界面上原子只能堆砌在台阶侧面，其概率比前者小得多，所以其生长速度较慢。二维形核越多，台阶在界面上密度越大，则生长速度越快。因此，当界面缺陷的数量不多时，晶体的生长主要取决于二维形核，故光滑界面生长所需的动力学过冷度 $\Delta T_k = 1 \sim 2\text{K}$，比连续生长所需的过冷度高约两个数量级。

在通常情况下当冷却速度较快、液体中杂质元素较多或温度起伏较大，晶体生长时总要形成种种生长缺陷，这些缺陷所造成的界面台阶使原子容易向上堆砌，使生长速度增大。对晶体生长影响较大的是螺型位错和孪晶。

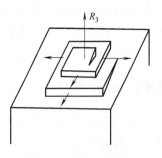

图 1.16　螺型位错生长
台阶及晶体生长方式

螺型位错形成的生长台阶如图 1.16 所示。原子在台阶上堆砌时，台阶便绕位错线而旋转。台阶每旋转一周，界面便生长一个原子层。在生长过程中，螺型位错的台阶不会消失，可以保证界面沿螺型位错线连续生长，又由于避免了二维形核，所以界面的生长速度便大大加快。但是，在螺型位错生长时，原子仍然只能堆砌在台阶部位，而不是在界面上任何部位，其生长速度仍较粗糙界面的生长速度慢。过冷度增大，界面上形成的螺型位错密度增大，生长速度变快。

粗糙界面连续生长、光滑界面二维形核生长和螺旋生长三种晶体生长方式的生长速度与动力学过冷度的关系如图 1.17 所示。粗糙界面为原子堆砌提供了"台阶"，液体原子可以在界面各处堆砌，生长速度最快。对于具有光滑界面结构的材料，二维形核生长和螺型位错生长方式会随着过冷度增大而转变为粗糙界面的连续生长。

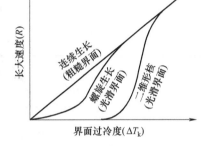

图 1.17　三种生长方式的生长
速度与界面过冷度的关系

（3）生长速度与过冷度的关系

对于纯金属，固液界面生长速度与动力学过冷度的关系是[4]：

$$v_n = \mu_k \Delta T_k \tag{1.71}$$

式中，μ_k 为吸附动力学系数，其值与温度有关；ΔT_k 为动力学过冷度。

$$\mu_k = \frac{v_{sound} L_f^m}{R T_f^2} \tag{1.72}$$

式中，v_{sound} 为声速。μ_k 值与晶体学取向有关，即 μ_k 是各向异性的。

对于以小平面方式生长的体系，界面吸附动力学对凝固过程起决定作用，固液界面生长速度常用如下关系计算：

$$v_n = \mu_k \Delta T^n \tag{1.73}$$

式中，n 为系数，通常需要通过实验测定。

实际凝固过程动力学过冷度很小，计算比较困难。因此，实际常用模型为明锐界面模型（sharp interface）[12]。界面法向生长速度为动力学系数与过冷度的乘积：

$$v_n = \mu \Delta T \tag{1.74}$$

式中，μ 为动力学系数。

1.4　合金的固液界面稳定性

球形晶核形成后，在给定的凝固条件下固液界面可能发生哪些变化，这是界面稳定性理论需要研究的内容。凝固界面形貌的演化与稳态选择直接决定了凝固组织特征和性能，控制凝固组织形貌已成为提高材料性能的一个重要手段。凝固界面是一个典型的非平衡组织形态，它涉及传热、传质和动量传输以及界面动力学和毛细作用等。合金凝固过程界面稳定性已经有了较为完善的理论，包括成分过冷理论和 MS 理论。

1.4.1 成分过冷

对合金凝固过程固液界面稳定性的研究始于 20 世纪 50 年代。Tiller 等[13] 最早提出了固液界面形态学稳定性的定量判据，即成分过冷理论（CS）。图 1.18 为合金凝固过程中固液界面前沿液相成分过冷示意图。

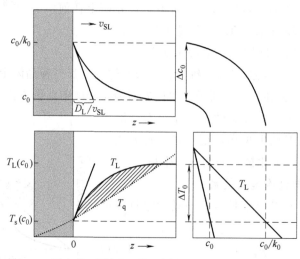

图 1.18　固液界面前沿液相成分过冷示意图

对于分配系数小于 1（$k_0 < 1$）的合金，随着凝固的进行，新形成的固相将溶质原子排到液相中去，使固液界面前沿液相中富集溶质原子，在固液界面前沿形成溶质边界层，有效边界层厚度为 D_L / v_{SL}（见图 1.18），其中 D_L 为液相溶质扩散系数，v_{SL} 为固液界面生长速度。液相溶质浓度随到固液界面距离的增加而减小，形成负浓度梯度，固液界面前沿液相线温度随到界面距离的增大而升高，如图 1.18 所示。如果固液界面前沿液相的实际温度 T_q 低于当地的液相线温度，就会形成成分过冷。成分过冷存在的条件是固液界面前沿液相中的温度梯度小于合金液相线温度变化梯度，即：

$$\frac{G}{v_{SL}} < -\frac{m_L c_0 (1 - k_0)}{k_0 D_L} \tag{1.75}$$

式中，G 为固液界面前沿液相温度梯度；c_0 为初始合金成分；m_L 为液相线斜率。

纯金属在正温度梯度下为平面生长方式，在负温度梯度下为枝晶生长方式。成分过冷对一般单相合金结晶过程的影响与热过冷对纯金属的影响本质相同，但由于同时存在着传质过程的制约，因此情况更为复杂。对合金，在正温度梯度下且无成分过冷时，同纯金属一样，界面为平界面形态；在负温度梯度下，也与纯金属一样，为树枝状，合金的树枝状生长还与溶质再分配有关。但合金在正的温度梯度时，合金晶体的生长方式还会由于溶质再分配而产生多样性：当稍有成分过冷时为胞状生长，随着成分过冷的增大（即温度梯度的减小），晶体由胞状晶变为柱状晶、柱状枝晶，见图 1.19。当成分过冷进一步发展时，生长着的界面前方的液相内相继出现新的晶核并不断长大，则合金的宏观结晶状态还会发生由柱状枝晶的外生长到等轴枝晶的内生长的转变。

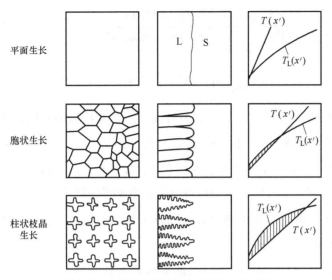

图 1.19　成分过冷对单相合金晶体形貌的影响

由式（1.75）可知，成分过冷区的形成及成分过冷却的大小与工艺条件（温度梯度、生长速度）和合金性质（液相线斜率、溶质分配系数、溶质扩散系数）有关。液相中温度梯度小，生长速度快，液相线斜率大，原始合金成分高，液相中溶质扩散系数小，k_0 小（$k_0 < 1$）有利于成分过冷区的形成。图 1.20 显示了温度梯度、生长速度、合金成分对晶体形态的影响。可见相同的工艺条件下，随着合金浓度增大，晶体形貌经历平面晶→胞状晶→胞状枝晶→柱状枝晶→等轴枝晶的转变。

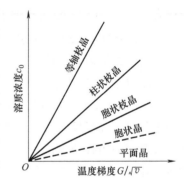

图 1.20　温度梯度、生长速度和合金成分对晶体形态的影响

1.4.2　MS 理论

成分过冷理论没有考虑固液界面能的影响，不能用来描述晶体生长过程中界面出现扰动时凝固界面的稳定性。

1947 年，Ivantsov 给出了等温枝晶生长的抛物线型分析解，从而确定了枝晶尖端半径和生长速度与尖端过冷度之间的对应关系[14]，忽略了表面张力，固相和液相中热或溶质只有扩散[15,16]，这种模型并没有给出尖端半径和生长速度与生长条件和材料物理性质之间唯一确定的关系。1964 年，Mullins 和 Sekerka[17] 分析了热和溶质传输方程的线性稳定性，考虑了浓度场、温度场以及固液界面能的作用，提出了界面稳定性的动力学理论，即 MS 理论。将平整界面上出现的任何波长的扰动都看成正弦波扰动，界面的稳定性取决于正弦波振幅随时间的变化率。假定固液界面处于稳定状态，没有对流，生长速度是一个常数，距固液界面几个波长至无穷远处不受扰动的影响，他们给出了界面稳定性的解析式：

$$\frac{\dot{\delta}}{\delta}=\frac{v_{SL}\omega\{-2T_{M}\Gamma\omega^{2}[\omega^{*}-(v_{SL}/D_{L})p]-(g'+g)[\omega^{*}-(v_{SL}/D_{L})p]\}}{(g'-g)[\omega^{*}-(v_{SL}/D_{L})p]+2\omega m_{L}G_{c}}$$

$$+\frac{v_{SL}\omega 2m_{L}G_{c}[\omega^{*}-(v_{SL}/D_{L})]}{(g'-g)[\omega^{*}-(v_{SL}/D_{L})p]+2\omega m_{L}G_{c}}$$

$$\tag{1.76}$$

$$\omega^{*}=(v_{SL}/2D_{L})+[(v_{SL}/2D_{L})^{2}+\omega^{2}]^{1/2} \tag{1.77}$$

式中，δ 为扰动振幅，$\dot{\delta}=d\delta/dt$，t 为时间；$\dot{\delta}/\delta$ 为振幅随时间的变化率；T_{M} 为纯金属熔点；ω 为扰动频率；$p=1-k_{0}$；$v_{SL}=(\bar{k}/L)(g'-g)$，$\bar{k}=(k_{S}+k_{L})/2$，$g'=(k_{L}/\bar{k})G$，$g=(k_{S}/\bar{k})G'$，G' 为平界面时固相中温度梯度，k_{S} 和 k_{L} 分别为固相和液相的热扩散率；G_{c} 为平整界面时固液界面前沿液相溶质浓度梯度。

对于任意一个 ω 值，如果扰动振幅随时间而增大，即 $\dot{\delta}/\delta>0$，则界面不稳定；反之，$\dot{\delta}/\delta<0$，则界面趋于稳定。

Kurz 和 Fisher[5] 根据 MS 理论得出的界面稳定性判别式为：$G\geqslant m_{L}G_{c}-k_{0}v_{SL}^{2}\Gamma/D_{L}^{2}$。低速生长时，界面稳定性与成分过冷理论吻合；高速生长时，界面稳定性与 MS 理论吻合[18,19]。在给定温度梯度下，界面不稳定速度范围为：$D_{L}G/\Delta T_{0}<v_{SL}<\Delta T_{0}D_{L}/k_{0}\Gamma$[2]。$v_{c}=D_{L}G/\Delta T_{0}$ 为稳定性下限，$v_{abs}=\Delta T_{0}D_{L}/k_{0}\Gamma$ 为稳定性上限或绝对稳定速度。在这个范围内，平整界面会失稳，界面形态为胞状或树枝状；当 $v_{SL}<D_{L}G/\Delta T_{0}$ 或 $v_{SL}>\Delta T_{0}D_{L}/k_{0}\Gamma$ 时为平整界面生长。

Kurz 等对合金凝固过程固液界面进行了扰动分析，认为产生界面失稳时，枝晶尖端半径近似等于临界扰动波长。当扰动波长小于最小临界失稳半径时，固液界面将失稳，形成树枝晶，而当扰动波长大于最小临界失稳半径，固液界面将保持不变。即在界面不稳定的生长速度范围内，能够使界面失稳的扰动波长存在一个范围。图 1.21 为计算给出了

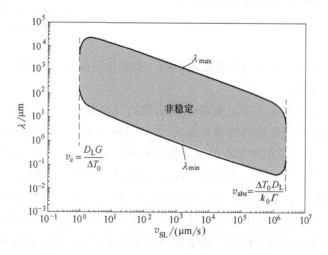

图 1.21 Al-2 wt%Cu 合金非稳态扰动波长范围与生长速度之间的关系 [1]

$\Delta T_{0}=32.91K$，$D_{L}=3\times10^{-9}m^{2}/s$，$k_{0}=0.17$，$\Gamma=2.4\times10^{7}mK$，$G=10^{4}K/m$

Al-2 wt%❶Cu 合金在温度梯度 $G_L = 10^4 \, \text{K/m}$ 时，非稳态扰动波长范围与生长速度之间的关系。可见，在不稳定生长速度范围内，存在着扰动波长的两个极限值，在这两个极限值之内，界面不稳定[4]。

1.5 树枝晶生长理论

由界面稳定性理论可知，只有在低速或高速生长时，固液界面才可能是平面或者胞晶。在通常凝固条件下，最常见的凝固微观组织是树枝晶。树枝晶具有复杂的形貌，如图 1.22 所示[20]。这种复杂形貌的形成过程、树枝晶特征尺寸的定量描述以及特征尺寸随凝固条件变化的情况等受到了广泛关注，目前依然是凝固理论的研究热点之一。

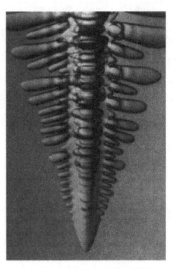

图 1.22 丁二腈树枝晶[20]

1.5.1 过冷熔体中枝晶生长

树枝晶生长的理论模型是以热和溶质稳态扩散为基础的。稳态枝晶生长属于自由边界问题，固液界面形状是未知的，是问题求解的一部分，而且固液界面形状具有自保持性，热和溶质扩散必须满足固液界面形状的自保持性。

Papapetrou[21] 首先提出具有自保持性的固液界面应满足如下关系：

$$v_n = v_t \cos\varphi \qquad (1.78)$$

式中，v_n 为界面上某处的法向生长速度；φ 为界面法向与枝晶生长方向的夹角；v_t 为枝晶尖端生长速度，见图 1.23。Papapetrou 认为抛物形尖端可满足式（1.78）。热和溶质扩散方程的精确解显示，枝晶尖端形状十分接近抛物状，这也得到了实验的证实。

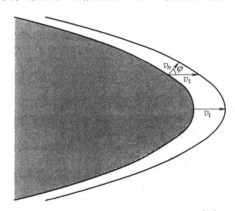

图 1.23 枝晶稳态生长时形状保持条件[21]

Ivantsov[14] 首先给出了过冷熔体中抛物形枝晶生长模型，通常称为 Ivantsov 解。当过冷熔体温度为 T_∞，枝晶尖端温度为 T^*，枝晶尖端液相平衡浓度为 c_L^* 时，将 Ivantsov 解应用于界面处热和溶质平衡关系可以得到：

$$T^* - T_\infty = \left(\frac{\Delta H}{c_p}\right) Iv(P_T) \qquad (1.79)$$

$$c_L^* - c_0 = c_L^* (1 - k_0) Iv(P_c) \qquad (1.80)$$

式中，ΔH 为熔化焓；c_p 为比热容；$P_T = v_t R_t / 2\alpha$ 和 $P_c = v_t R_t / 2D_L$ 分别为枝晶尖端热和溶质 Péclet 数，R_t 为枝晶尖端半径；$Iv(P)$ 为 Ivantsov 函数：

---

❶ 本书中 wt% 表示质量分数。——著者按

$$Iv(P) = P\exp(P)E_1(P) \tag{1.81}$$

式中，$E_1(P)$ 为指数积分函数。近似计算时，$Iv(P)$ 采用下式计算[5]：

$$Iv(P) = \cfrac{P}{P + \cfrac{1}{1 + \cfrac{1}{P + \cfrac{2}{1 + \cfrac{2}{P + \cdots}}}}} \tag{1.82}$$

方程（1.79）和方程（1.80）的解建立了 v_t 和 R_t 的函数关系：$v_t R_t = f(\Delta)$ 或 $v_t R_t = f(\Omega)$。式中，Δ 为无量纲过冷度；Ω 为过饱和度。可见 Ivantsov 解只给出了 v_t 和 R_t 的乘积，因此在给定凝固条件下不能唯一确定枝晶尖端生长速度和尖端半径。根据 Ivantsov 解绘出的 v_t-R_t 曲线见图 1.24[22]。该图表明，在给定过冷度条件下，可以有多个枝晶尖端半径和尖端生长速度满足 Ivantsov 解，这与实验结果不符。

假设液相线斜率和平衡溶质分配系数为常数，不考虑毛细现象和动力学效应，枝晶尖端液相溶质浓度可表示为：

$$c_L^* = \frac{c_0}{1 - (1 - k_0)Iv(P_c)} \tag{1.83}$$

枝晶尖端过冷度为：

$$\Delta T = \left(\frac{\Delta H}{c_p}\right)Iv(P_T) + \frac{m_L \Delta T_0 Iv(P_c)}{1 - (1 - k_0)Iv(P_c)} \tag{1.84}$$

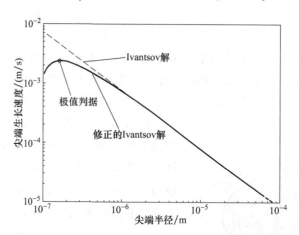

图 1.24　丁二腈（SCN）-1 wt%乙醇过冷熔体中枝晶尖端生长速度和半径的关系[22]

如果考虑了界面能的作用，枝晶尖端过冷度应包含曲率过冷：

$$\Delta T = \left(\frac{\Delta H}{c_p}\right)Iv(P_T) + \frac{m_L \Delta T_0 Iv(P_c)}{1 - (1 - k_0)Iv(P_c)} + \frac{2\Gamma}{R_t} \tag{1.85}$$

式中，等号右边第一项为热过冷 ΔT_T；第二项为成分过冷 ΔT_c；第三项为曲率过冷 ΔT_R。见图 1.25[23]。

从 v_t-R_t 曲线（图 1.24）上可以看到，考虑了界面能的作用后枝晶生长速度出现了极值点，这一点就是枝晶生长的控制点，即极值点确定了给定凝固条件下枝晶稳态生长的

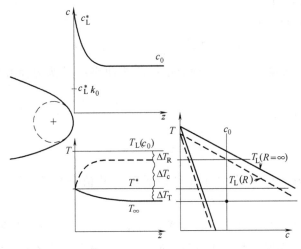

图 1.25　过冷熔体中枝晶尖端浓度场和过冷度示意图[23]

尖端生长速度和尖端半径。也就是说，考虑了界面能的作用后，枝晶选择在极值条件下生长，这称作"修正的 Ivantsov 解"。

枝晶在极值条件生长的预测结果与实验结果相差至少两个数量级，所以，还要考虑界面能对枝晶生长的另一个作用，即界面能对界面稳定性的作用。Langer 和 Müller-Krumbhaar[24] 对枝晶尖端进行了线性稳定性分析，认为稳态枝晶尖端正好处于稳定性的边缘，并称为边缘稳定性判据。由此得出了描述固液界面移动的线性方程，同时引入一个参数 $\sigma^* = l d_0 / R_t^2$，式中，l 为扩散长度，对于溶质扩散，$l_S = D_L / v_t$，对于热扩散，$l_T = \Delta T_0 / G$；d_0 为毛细长度，对于合金，热毛细长度为 $d_0^T = \Gamma / \Delta T_0$，其中 $\Delta T_0 = m_L c_0 (k_0 - 1) / k_0$，溶质毛细长度为 $d_0^S = \Gamma / [m_L c_0 (1 - k_0)]$。通常认为尖端稳定性参数 σ^* 为常数，称作稳定性常数或选择参数。所以枝晶稳态生长时，枝晶尖端半径和生长速度的关系满足：

$$v_t R_t^2 = \frac{1}{\sigma^*} D_L d_0 = 常数 \tag{1.86}$$

Kurz 等[25] 给出了与 MS 理论相似的界面稳定性条件：

$$\omega^{*2} \Gamma = m_L G_c - G \tag{1.87}$$

为了能够反映出固液界面失稳情况，在图 1.26 中首先假设在固液界面为一个平界面，其温度场和溶质浓度场不受小的扰动所影响，即在小 Péclet 数的条件下，扰动波长为 λ 时，$\lambda v / 2\alpha < \lambda v / 2D < 1$。而且其前沿存在着一个小的扰动，扰动形式为一个正弦波，其数学表达式为[5]：

$$\gamma = \varepsilon \sin(\omega y) \tag{1.88}$$

式中，γ 为扰动波函数；ε 为扰动振幅；ω

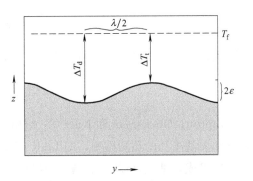

图 1.26　扰动模型示意图

为扰动频率，其表达式为 $\omega = 2\pi/\lambda$。

由相图可知界面温度为：

$$T^* = T_f + m_L(c^* - c_0) + \Gamma K \tag{1.89}$$

式中，T_f 为平衡温度；T^* 为界面温度；K 为曲率；c^* 为界面溶质浓度；c_0 为平衡溶质浓度。

根据曲率公式可以得到：

$$K = \frac{z''}{(1 + z'^2)^{3/2}} \tag{1.90}$$

式中，z' 和 z'' 为 z 的一阶偏导和二阶偏导，其值分别为 $z' = \varepsilon\omega\cos(\omega y)$，$z'' = -\varepsilon\omega^2\sin(\omega y)$。

从图 1.26 中可以看出，固液界面温度分别在 $[-\lambda/4, \lambda/4]$ 上取最大值和最小值。在点 $y = -\lambda/4$ 上取最大值，此时曲率为：$K_t = \varepsilon\omega^2$。相反，在 t 点 $y = \lambda/4$ 上取最小值，$K_d = -\varepsilon\omega^2$。将 K_t 和 K_d 代入到方程中，可得到在波峰和波谷处的温度差为：

$$T_t - T_d = m_L(c_t^* - c_d^*) - \Gamma(K_t - K_d) \tag{1.91}$$

将 $\omega = 2\pi/\lambda$ 代入可以得到：

$$K_t = -K_d = \frac{4\pi^2\varepsilon}{\lambda^2} \tag{1.92}$$

由方程（1.92）可以得到波峰与波谷之间温度差和溶质浓度差：

$$T_t - T_d = 2\varepsilon G$$
$$c_t - c_d = 2\varepsilon G_c \tag{1.93}$$

将方程（1.93）代入到方程（1.91）中可以得到：

$$2\varepsilon G = m_L 2\varepsilon G_c - \frac{8\pi^2}{\lambda^2}\varepsilon\Gamma \tag{1.94}$$

由此推出扰动波长：

$$\lambda = 2\pi\sqrt{\frac{\Gamma}{m_L G_c - G}} \tag{1.95}$$

当 $m_L G_c - G$ 趋于零，最小扰动播出趋于无穷大，界面为平面。当 $G \ll m_L G_c = \Delta T_0 v/D_L$ 时，界面将失稳，界面失稳的最小扰动波长为：

$$\lambda^* = \frac{2\pi}{\omega^*} = 2\pi\sqrt{ld_0} = 2\pi\sqrt{\frac{D_L\Gamma}{v\Delta T_0}} \tag{1.96}$$

假设枝晶尖端半径等于最小扰动波长，则有：

$$R_t = \left[\frac{\Gamma}{\sigma^*(m_L G_c - G)}\right]^{1/2} \tag{1.97}$$

Lipton、Glicksman 和 Kurz[23] 给出了 Péclet 数小于 1 时，过冷熔体中枝晶尖端生长速度和尖端半径的预测模型，即 LGK 模型。枝晶尖端总过冷度由热过冷、成分过冷和曲率过冷组成，见式（1.85）。结合边缘稳定性判据以及稳定性常数 σ^*，可以得到枝晶尖端半径：

$$R_t = \frac{\Gamma}{\sigma^*} \left[\frac{P_T \Delta H}{c_p} - \frac{P_c m_L c_0 (1 - k_0)}{1 - (1 - k_0) Iv(P_c)} \right]^{-1} \tag{1.98}$$

求解由式（1.85）和式（1.98）组成的方程组，可以得到给定过冷度下，枝晶尖端生长速度和枝晶尖端半径。图 1.27 为 LGK 模型预测的 Al-4 wt%Cu 合金枝晶尖端生长速度和枝晶尖端半径与熔体过冷度之间的关系。可见，随着过冷度的增大，枝晶尖端半径减小，枝晶尖端生长速度增大。

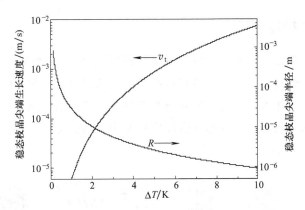

图 1.27　Al-4 wt%Cu 合金稳态生长时枝晶尖端生长速度和半径与过冷度之间的关系

Kurz、Giovanola 和 Trivedi[26] 根据边缘稳定性理论，给出了枝晶尖端半径：

$$\omega^2 \Gamma = m_L G_c \xi_c - G \tag{1.99}$$

$$\xi_c = 1 - \frac{2k_0}{[1 + (2\pi/P_c^2)]^{1/2} - 1 + 2k_0} \tag{1.100}$$

$$R_t = \left[\frac{\Gamma}{\sigma^* (m_L G_c \xi_c - G)} \right]^{1/2} \tag{1.101}$$

Péclet 数较大时（$P_c > \pi^2/\sqrt{k_0}$），ξ_c 可简化为：

$$\xi_c = \frac{\pi^2}{k_0 P_c^2} \tag{1.102}$$

要求解 R_t，首先要得到枝晶尖端溶质浓度梯度，其值可根据 Ivantsov 解求得。忽略温度梯度的影响可得到：

$$\frac{\pi^2 \Gamma}{P_c^2 D_L^2} v_t^2 + \frac{m_L c_0 (1 - k_0) \xi_c}{D_L [1 - (1 - k) Iv(P_c)]} v_t + G = 0 \tag{1.103}$$

$$v_t R_t^2 = \frac{4\pi^2 D_L \Gamma [1 - (1 - k_0) Iv(P_c)]}{c_0 m_L (k_0 - 1) \xi_c} \tag{1.104}$$

当 Péclet 数很小时，$\xi_c \to 1$，$Iv(P_c) \to 0$，所以有：

$$v_t R_t^2 = \frac{4\pi^2 D_L}{k_0 \Delta T_0} = 常数 \tag{1.105}$$

式（1.104）与式（1.83）相同。

Péclet 数较大时，如果假设 $\xi_c = 1$，可得到：

$$v_t R_t^2 = \frac{4\pi^2 D_L}{\Delta T_0} \tag{1.106}$$

如果给定过冷度，$G=0$，可以得到 v_t-ΔT 之间的关系。应用时，通常将 v_t 拟合成过冷度的函数[23]：

$$v_t = A_1 \Delta T^2 \text{ 或 } v_t = A_1 \Delta T^2 + B_1 \Delta T^3 \tag{1.107}$$

式中，A_1 和 B_1 为系数。

1.5.2 定向凝固树枝晶生长

根据界面稳定性理论，当凝固速度超过临界速度 v_c 时，平整界面生长将转为胞状生长。凝固速度如果继续升高，就会形成树枝晶；如果达到绝对稳定速度，就会发生相反方向的转变。即随着凝固速度的升高，凝固组织会发生平整界面→胞晶→树枝晶→胞晶→平整界面的转变。定向凝固组织形成通常会经历从非稳态到稳态的过程，典型的定向凝固界面形态演变过程见图 1.28[27]。

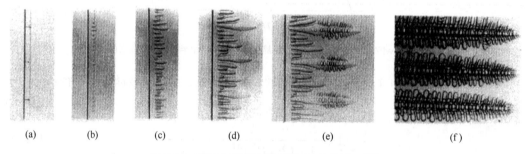

| (a) | (b) | (c) | (d) | (e) | (f) |

图 1.28　定向凝固过程固液界面形态演化过程[27]

定向凝固树枝晶通常以枝晶列形式存在，见图 1.29（a）。描述定向凝固枝晶组织形态的参数除枝晶尖端半径外，还包括一次枝晶间距（λ_1）和二次枝晶间距（λ_2）等，如图 1.29（b）所示。凝固理论研究给出了这些参数与合金系、固液界面前沿温度梯度和凝固速度之间的关系。

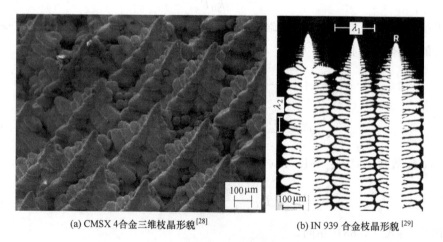

(a) CMSX 4合金三维枝晶形貌[28]　　(b) IN 939 合金枝晶形貌[29]

图 1.29　定向凝固枝晶列形态

Hunt[30] 与 Kurz 和 Fisher[25] 分别给出了稳态生长条件下胞晶/枝晶一次间距与生长速度、温度梯度和合金成分之间的函数关系，它们分别是：

$$\lambda_1 = 2.83 [m_L(k_0-1)D_L\Gamma]^{0.25} c_0^{0.25} v_t^{-0.25} G^{-0.5} \tag{1.108}$$

$$\lambda_1 = 4.3 [m_L(k_0-1)D_L\Gamma/k_0^2]^{0.25} c_0^{0.25} v_t^{-0.25} G^{-0.5} \tag{1.109}$$

Trivedi[31] 对 Hunt 模型进行了修正：

$$\lambda_1 = 2.83 [m_L(k_0-1)D_L\Gamma L']^{0.25} c_0^{0.25} v_t^{-0.25} G^{-0.5} \tag{1.110}$$

式中，L' 为常数，取决于扰动谐波。

许多研究结果[32-39] 都表明，一次枝晶间距与温度梯度和生长速度满足 $\lambda_1 \propto v_t^{-a} G^{-b}$。然而，Huang 等[40] 利用有机合金，通过台阶变速实验发现，在一定凝固条件下，一次枝晶间距并不是定值，而与达到稳态生长的过程有关，即一次枝晶间距与热历史相关。Ding 等[41] 和 Lin 等[42] 分别对不同合金开展了定向凝固实验，结果表明一次枝晶间距可在一个很大的范围内变化，平均一次枝晶间距应该在上下限之间，并且因达到稳态生长的过程不同而不同，具有历史相关性。

Warren 和 Langer[43] 与 Hunt 和 Lu[44] 分别分析了枝晶列的稳定性，结果也表明稳态一次枝晶间距存在一个范围。Hunt 和 Lu[44] 根据枝晶间溶质流的方向确定了定向凝固一次枝晶间距的下限，上限取为下限的两倍。

当枝晶间距超出了上下限范围，需要通过调整回到上下限范围内。定向凝固一次枝晶间距选择机制见图 1.30[45]。当枝晶间距较小时，枝晶间通过竞争生长，间距较小的枝晶被淘汰，使原一次枝晶间距增大；当枝晶间距较大时，通过分枝机制调整枝晶间距，即从二次分枝上生成的三次枝晶会形成新的一次枝晶，从而使原一次枝晶间距减小。

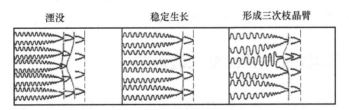

图 1.30　枝晶间距选择机制示意图[45]

1.6　液相对流对枝晶生长的影响

在凝固过程中，由于熔体内存在温度梯度和溶质浓度梯度，使熔体产生密度差，在重力作用下，熔体会产生流动。由于重力的存在，在通常凝固条件下液相流动是不可避免的。流动会改变枝晶生长方向，使枝晶向迎流侧偏转，而且在迎流侧枝晶生长速度增大，而背流侧枝晶生长速度减小。

Bouissou 和 Pelce[46] 分析了来流作用下二维枝晶的稳定性，将 Ivantsov 解扩展应用于小的 Reynolds 数流动作用下纯物质自由树枝晶生长的情况，得到了 Oseen-Ivantsov 解。Péclet 数与过冷度的关系为：

$$\Delta = P_T \exp(P_T - P_{uT})$$
$$\times \int_1^{+\infty} \frac{\mathrm{d}\eta}{\sqrt{\eta}} \exp\left\{ -P_T\eta + P_{uT}\left[\int_1^\eta \frac{g(\eta')}{\sqrt{\eta'}}\mathrm{d}\eta' - \eta \right] \right\} \tag{1.111}$$

式中，$P_{uT}=UR/2\alpha$ 为流动 Péclet 数；$g(\eta')$ 为：

$$g(\eta') = \sqrt{\eta}\frac{\mathrm{erfc}(\sqrt{Re\eta'}/2)}{\mathrm{erfc}(\sqrt{Re}/2)} \times (\sqrt{2/\pi Re})\frac{1}{\mathrm{erfc}(\sqrt{Re}/2)} \tag{1.112}$$
$$\times \left[\exp\left(-\frac{Re}{2}\right) - \exp\left(-\frac{Re}{2}\eta'\right) \right]$$

式中，$Re=UR/\nu$ 为雷诺数；U 为远场来流速度；ν 为运动学黏度。

他们定义了一个函数 $a_{2D}(Re)$：

$$a_{2D}(Re) = \left(\frac{2Re}{\pi}\right)^{1/2}\frac{\exp(-Re/2)}{\mathrm{erfc}(\sqrt{Re}/2)} \tag{1.113}$$

认为当 $a_{2D}(Re)P_{uT} \ll P_T(R/\lambda)$ 时，来流对枝晶尖端选择参数没有影响，当 $a_{2D}(Re)P_{uT} \gg P_T(R/\lambda)$ 时，枝晶尖端选择参数与来流速度的关系满足：

$$\frac{\sigma_0^*}{\sigma^*} = 1 + b\chi_{2D}^{11/14} \tag{1.114}$$

式中，λ 为远小于枝晶尖端半径的扰动波长；σ_0^* 和 σ^* 分别为无流动和有流动时的枝晶尖端选择参数；b 为常数；$\chi_{2D}=a_{2D}(Re)Ud_0^T/[(15\varepsilon_4)^{3/4}v_tR]$ 为二维无量纲流动参数，ε_4 为界面能各向异性系数。

Bouissou 等[47] 实验研究了来流作用下叔戊酸枝晶的生长，发现枝晶尖端选择参数随来流速度增大而减小，实验结果与以上理论分析结果相一致，但 Lee 等[48] 对丁二腈的枝晶生长实验却发现 σ^* 随来流速度增大而增大。

1.7 界面能各向异性对枝晶生长的影响

由于固相是晶体，在不同晶向上原子密度不同，所以固液界面能具有各向异性。对于二维系统，具有各向异性的界面能可表示为：

$$\sigma_{SL} = \sigma_{SL}^0[1 + \varepsilon_n(n\varphi)] \tag{1.115}$$

式中，σ_{SL}^0 为平均固液界面能；ε_n 为 n 重对称系统的界面能各向异性系数。

由于界面能具有各向异性，所以曲率过冷也与方向有关：

$$\Delta T_R = \frac{1}{R(\varphi)}V^m\frac{\sigma_{SL} + (\mathrm{d}^2\sigma_{SL}/\mathrm{d}\varphi^2)}{\Delta S_f^m} \tag{1.116}$$

式中，ΔS_f^m 为摩尔熵变；$\sigma_{SL} + \mathrm{d}^2\sigma_{SL}/\mathrm{d}\varphi^2$ 称作表面刚度（surface stiffness），记作 Ψ_{SL}。二维四重对称系统 Ψ_{SL} 可写作：

$$\Psi_{SL} = \sigma_{SL}^0[1 - 15\varepsilon_4\cos(4\varphi)] \tag{1.117}$$

式中，σ_{SL}^0 为各向同性时的界面能。

二维四重对称系统中，曲率过冷可以写成：

$$\Delta T_R = \frac{\Gamma}{R(\varphi)}[1 - 15\varepsilon_4\cos(4\varphi)] = \Gamma K[1 - 15\varepsilon_4\cos(4\varphi)] \tag{1.118}$$

式中，K 为界面曲率。

对于三维系统，曲率过冷为：

$$\Delta T_R = \frac{V^m}{\Delta S_f^m}\left\{\frac{1}{R_1}[\sigma_{SL} + (\partial^2\sigma_{SL}/\partial\theta_1^2)] + \frac{1}{R_2}[\sigma_{SL} + (\partial^2\sigma_{SL}/\partial\theta_2^2)]\right\} \tag{1.119}$$

式中，R_1 和 R_2 分别为曲面的两个主曲率半径；θ_1 和 θ_2 为与主方向的夹角。

固液界面能各向异性影响固液界面稳定性和枝晶形态。Coriell 和 Sekerka[49] 于 1976 年首先采用线性稳定性分析方法研究了界面能各向异性对单相二元合金平整界面稳定性的影响。认为界面能各向异性使得毛细效应依赖于生长方向。王志军等[50] 通过渐进分析得到色散关系和中性稳定性曲线，认为界面能各向异性增大了系统的不稳定区域。Mcfadden 等[51] 针对界面能各向异性对不同生长方向枝晶的影响做了弱非线性分析，给出了不同生长方向下胞状组织花样的选择。界面能各向异性影响树枝晶形态，当其他条件相同时，固液界面能各向异性越大，枝晶尖端半径越小。

参考文献

[1] 王崇林. 相图理论及其应用. 北京：高等教育出版社，2008：40.

[2] Flemings M C. 凝固理论. 关玉龙，屠宝洪，许诚信，译. 北京：冶金工业出版社，1981.

[3] 胡汉起. 金属凝固原理. 北京：机械工业出版社，1991.

[4] Dantzig J A, Rappaz M. Solidification. Lausanne：EPFL Press，2009.

[5] 库尔兹 W，费希尔 D J. 凝固原理. 毛协民，包冠乾，等译. 西安：西北工业大学出版社，1987.

[6] 郝士明. 材料热力学. 北京：化学工业出版社，2004.

[7] Oldfield W. Quantitative approach to casting solidification-freezing of cast iron. Trans ASM，1966，59：945-961.

[8] Rappaz M, Gandin A. Probabilistic modelling of microstructure formation in solidification processes. Acta Metall Mater，1993，41：345-360.

[9] Goettsch D D, Dantzig J A. Modeling microstructure development in gray cast irons. Metall Mater Trans A，1994，25：1063-1079.

[10] Stefanescu D M, Upadhya G, Bandyopadhyay D. Heat transfer-solidification kinetics modeling of solidification of castings，Metall Trans A，1990，21：997-1005.

[11] Hunt J D. Steady state columnar and equiaxed growth of dendrites and eutectic. Materials Science and Engineering，1984，65：75-83.

[12] Sekerka R F. Morphology：from sharp interface to field phase models. J Cryst Growth，2004，264：530-540.

[13] Tiller W A, Jackson K A, Rutter J W, et al. The redistribution of solute atoms during the solidification of metals. Acta Metall，1953，1：428-437.

[14] Ivantsov G P. Temperature field around the spherical, cylindrical and needle-crystals which grow in supercooled melt. Dokl Akad Nauk SSSR，1947，58 (567)：1113.

[15] Lipton J, Glicksman M E, Kurz W. Equiaxed dendrite growth in alloys at small supercooling. Metall Mater Trans A，1987，18：341-345.

[16] Jeang J H, Dantzig J A, Goldenfeld N. Dendritic growth with fluid flow in pure materials. Metall Mater Trans A，2003，34：459-466.

[17] Mullins W W, Sekerka R F. Stability of planar interface during solidification of the dilute binary alloy. J Appl Phys，1964，35 (2)：444-451.

[18] Lan C W, Lee M H, Chuang M H, et al. Phase field modeling of convective and morphological instability during directional solidification of an alloy. J Cryst Growth，2006，295：202-208.

[19] Garandet J P, Boutet G, Lehmann P, et al. Morphological stability of a solid-liquid interface and cellular growth：in-

sights from thermoelectric measurements in microgravity experiments. J Cryst Growth, 2005, 279: 195-205.

[20] Glicksman M E, Marsh S P. The dendrite-Handbook of crystal growth. Amsterdam: North Holland, 1993.

[21] Papapetrou A. Investigations on the dendrite growth of crystals. Z Kristallogr, 1935, 92: 89-129.

[22] Beltran-Sanchez L. Quantitative micro-modeling of dendrite growth controlled by solutal effects in the low péclet regime for binary alloys. The University of Alabama, 2003.

[23] Lipton J, Glicksman M E, Kurz W. Dendritic growth into undercooled alloy melts. Mater Sci Eng, 1984, 65: 57-63.

[24] Langer J S, Müller-Krumbhaar H. Theory of dendritic growth. I. Elements of a stability analysis. Acta Metall, 1978, 26: 1681-1687.

[25] Kurz W, Fisher D J. Dendrite growth at the limit of stability: tip radius and spacing. Acta Metall, 1981, 29: 11-20.

[26] Kurz W, Giovanola B, Trivedi R. Theory of microstructural development during rapid solidification. Acta Metall, 1986, 34: 823-830.

[27] Trivedi R, Somboonsuk K. Pattern formation during the directional solidification of binary systems. Acta Metall, 1985, 33: 1061-1068.

[28] Warnken N, Ma D, Mathes M, et al. Investigation of eutectic island formation in SX superalloys. Mater Sci Eng A, 2005, 413-414: 267-271.

[29] Ma D X, Sahm P R. Primary spacing in directional solidification. Metall Mater Trans A, 1998, 29: 1113-1119.

[30] Hunt J D. Solidification and casting of metals. London: The Metal Society, 1979.

[31] Trivedi R. Interdendritic spacing: part II. A comparison of theory and experiment. Metall Trans A, 1984, 15 (6): 977-982.

[32] Pan Q Y, Huang W D, Lin X, et al. Primary spacing selection of Cu-Mn alloy under laser rapid solidification condition. J Cryst Growth, 1997, 181: 109-116.

[33] Ding G L, Huang W, Lin X, et al. Prediction of average spacing for constrained cellular dendritic growth. J Cryst Growth, 1997, 177: 281-288 .

[34] Makkonen L. Spacing in solidification of dendritic arrays. J Cryst Growth, 2000, 208: 772-778.

[35] Çadırlı E, Karaca İ, Kaya H, et al. Effect of growth rate and composition on the primary spacing, the dendrite tip radius and mushy zone depth in the directionally solidified succinonitrile-Salol alloys. J Cryst Growth, 2003, 255: 190-203.

[36] Gündüz M, Çadırlı E. Directional solidification of aluminium-copper alloys. Mater Sci Eng A, 2002, 327: 167-185.

[37] Kaya H, Çadırlı E, Keşlioğlu K, et al. Dependency of the dendritic arm spacings and tip radius on the growth rate and composition in the directionally solidified succinonitrile-carbon tetrabromide alloys. J Cryst Growth, 2005, 276: 583-593.

[38] Qu M, Liu L, Tang F T, et al. Effect of sample diameter on primary dendrite spacing of directionally solidified Al. 4%Cu alloy. Trans Nonferrous Met Soc China, 2009, 19: 1-8.

[39] Hu X W, Li S M, Chen W J, et al. Primary dendrite arm spacing during unidirectional solidification of Pb. Bi peritectic alloys. J Alloys Compd, 2006, 484: 631-636.

[40] Huang W D, Geng X G, Zhou Y H. Primary spacing selection of constrained dendritic growth. J Cryst Growth, 1993, 134: 105-115.

[41] Ding G L, Huang W D, Huang X, et al. On primary dendritic spacing during unidirectional solidification. Acta Mater, 1996, 44: 3705-3709.

[42] Lin X, Huang W D, Feng J, et al. History-dependent selection of primary cellular/dendritic spacing during unidirectional solidification in aluminium alloys. Acta Mater, 1999, 47 (11): 3271-3280.

[43] Warren J A, Langer J S. Prediction of dendritic spacings in a directional solidification experiment. Phys Rev E, 1993, 47 (4): 2702-2712.

[44] Hunt J D, Lu S Z. Numerical modeling of cellular/dendritic array growth: spacing and structure predictions. Metall Mater Trans, 1996, 27: 611-623.

[45] Lu S Z, Hunt J D. A numerical analysis of dendritic and cellular array growth: the spacing adjustment mechanisms. J Cryst Growth, 1992, 123: 17-34.

[46] Bouissou P, Pelce P. Effect of a forced flow on dendritic growth. Phys Rev A, 1989, 40: 6673-6680.

[47] Bouissou P, Perrin B, Tabeling P. Influence of an external flow on dendritic crystal growth. Phys Rev A,

1989，40：509-512.

[48] Lee Y W，Ananth R，Gill W N. Selection of a length scale in unconstrained dendritic growth with convection in the melt. J Cryst Growth，1993，132：226-230.

[49] Coriell S R，Sekerka R F. The effect of the anisotropy of surface tension and interface kinetics on morphological stability. J Cryst Growth，1976，34：157-163.

[50] 王志军，王锦程，杨根仓. 各向异性作用下合金定向凝固界面稳定性的渐进分析. 物理学报，2008，57（2）：1246-1253.

[51] Mcfadden G B，Coriell S R，Sekerka R F. Effect of surface tension anisotropy on cellular morphologies. J Cryst Growth，1988，91：180-198.

第**2**章

微观组织模拟方法

合金凝固过程涉及合金热力学、枝晶生长动力学、流体力学、传热传质，是一个复杂的物理过程。枝晶生长过程由晶核、枝晶生长、枝晶生长过程中的界面动力学等过程组成，熔体的流动、传热与传质，控制了形核、枝晶生长速率，影响固液界面稳定性，对枝晶生长起着重要作用，有时对枝晶生长起决定性作用。数值模拟研究的目的是揭示合金凝固微观组织形成规律，因此在模拟中需全面考虑各种因素。即模拟枝晶生长过程中宏观上要耦合计算流场、温度场、溶质浓度场（三场耦合计算），微观上结合合金热力学，计算形核、枝晶生长。本章介绍常用的流场、温度场、溶质浓度场，枝晶生长数值模拟方法。

2.1 传热传质模型

流体动力学计算方法有两类：基于求解 Navier-Stokes（N-S）方程的计算方法；格子-Boltzmann 方法。常用的有限差分、有限元、有限体积法属于第一类方法。传热、传质过程计算用有限差分、有限元或有限体积法。

从 20 世纪 60 年代开始，有限元法用于求解传热、流体动力学问题。同一时期，有限差分法也逐渐发展成熟，用于求解流体动力学、能量传输方程。1980 年，有限体积法用于求解流体动力学，逐渐被用于求解传输问题。

有限元、有限体积、有限差分方法主要步骤都是将 N-S 方程、传热、传质方程及定解条件离散化，求解离散方程组，获得数值解。

2.1.1 控制方程

假设液相为不可压缩流体，不考虑凝固收缩，固相静止，液相流动控制方程为[1,2]：

（1）连续性方程

$$\nabla \cdot (\rho \boldsymbol{u}) = 0 \tag{2.1}$$

（2）动量方程

$$\frac{\partial(\rho u)}{\partial t} + \nabla \cdot (\rho u\boldsymbol{u}) = -\frac{\partial p}{\partial x} + \nabla \cdot (\mu \nabla u) \tag{2.2}$$

$$\frac{\partial(\rho v)}{\partial t} + \nabla \cdot (\rho v \boldsymbol{u}) = -\frac{\partial p}{\partial y} + \nabla \cdot (\mu \nabla v) \tag{2.3}$$

$$\frac{\partial(\rho w)}{\partial t} + \nabla \cdot (\rho w \boldsymbol{u}) = -\frac{\partial p}{\partial z} + \nabla \cdot (\mu \nabla w) \tag{2.4}$$

式中，$\boldsymbol{u} = \boldsymbol{u}(u, v, w)$ 为流动速度；p 为压力；μ 为熔体的动力学黏度。

（3）溶质传输方程

$$\frac{\partial c_i}{\partial t} + \nabla \cdot (\boldsymbol{u} c_i) = \nabla \cdot (D_i \nabla c_i) + c_L^* (1 - k_0) \frac{\partial f_S}{\partial t} \tag{2.5}$$

式中，c_i 为溶质元素 i 的浓度；方程右侧最后一项是由于固液界面排出溶质（$k_0 < 1$）所产生的源项，其中 f_S 通过枝晶生长动力学计算获得。

（4）热扩散方程

$$\frac{\partial T}{\partial t} + \nabla \cdot (\boldsymbol{u} T) = \nabla \cdot (\alpha \nabla T) + \frac{L}{\rho c_p} \times \frac{\partial f_S}{\partial t} \tag{2.6}$$

式中，α 为热扩散系数；L 为凝固潜热。等号右侧最后一项是由于凝固过程潜热释放产生的源项。

2.1.2 有限差分法

有限差分法（finite different method）是一种求偏微分（或常微分）方程和方程组定解问题的数值解的方法，是数值方法中最经典的方法，也是计算机数值模拟最早采用的方法，至今仍被广泛运用。该方法将求解域划分为差分网格，如图 2.1 所示，用有限个网格节点代替连续的求解域。有限差分法以泰勒级数展开等方法，把控制方程中的导数用网格节点上的函数值的差商代替进行离散，从而建立以网格节点上的值为未知数的代数方程组。该方法是一种直接将微分问题变为代数问题的近似数值解法，数学概念直观，表达简单，是发展比较早且比较成熟的数值方法。

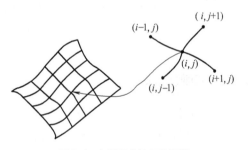

图 2.1 有限差分法二维网格

以二维无内热源的导热微分方程为例，说明常用的差分格式。

$$\frac{\partial T}{\partial t} = \alpha \left(\frac{\partial^2 T}{\partial x^2} + \frac{\partial^2 T}{\partial y^2} \right) \tag{2.7}$$

向前差分：

$$\frac{\Delta T}{\Delta x} = \frac{T(x + \Delta x) - T(x)}{\Delta x} \tag{2.8}$$

向后差分：

$$\frac{\Delta T}{\Delta x} = \frac{T(x) - T(x - \Delta x)}{\Delta x} \tag{2.9}$$

中心差分：

$$\frac{\Delta T}{\Delta x} = \frac{T(x+\Delta x) - T(x-\Delta x)}{2\Delta x} \tag{2.10}$$

若以式（2.9）、式（2.10）分别表示该函数在 $x+\Delta x/2$ 和 $x-\Delta x/2$ 的一阶中心差分，则可得到 x 点处的二阶差分表达式：

$$\frac{\Delta^2 T}{\Delta x^2} = \frac{\dfrac{T(x+\Delta x) - T(x)}{\Delta x} - \dfrac{T(x) - T(x-\Delta x)}{\Delta x}}{\Delta x} \tag{2.11}$$

简化得：

$$\frac{\Delta^2 T}{\Delta x^2} = \frac{T(x+\Delta x) + T(x-\Delta x) - 2T(x)}{\Delta x^2} \tag{2.12}$$

由上述差分表达式可知，当 $\Delta x \to 0$ 时，各阶差分都逼近其相应阶次的函数导数。

瞬态项差分采用向前差分格式时，称为显示差分格式：

$$\frac{\Delta T}{\Delta t} = \frac{T_{(i,j)}^{n+1} - T_{(i,j)}^{n}}{\Delta t} \tag{2.13}$$

当瞬态项差分采用向后差分格式时，称为隐示差分格式：

$$\frac{\Delta T}{\Delta t} = \frac{T_{(i,j)}^{n} - T_{(i,j)}^{n-1}}{\Delta t} \tag{2.14}$$

显示差分方程可以直接求解，隐式差分方程需要迭代求解。

将式（2.7）中各项微分用差分代替，则可得到对应的差分方程：

$$\frac{T_{(i,j)}^{n+1} - T_{(i,j)}^{n}}{\Delta t} = \alpha \left[\frac{T_{(i+1,j)}^{n} + T_{(i-1,j)}^{n} - 2T_{(i,j)}^{n}}{\Delta x^2} + \frac{T_{(i,j+1)}^{n} + T_{(i,j-1)}^{n} - 2T_{(i,j)}^{n}}{\Delta y^2} \right] \tag{2.15}$$

2.1.3 有限元法

有限元法（finite element method）的基础是变分原理和加权余量法，其基本求解思想是把计算域划分为有限个互不重叠的单元（如图 2.2 所示），在每个单元内，选择一些合适的节点作为求解函数的插值点，将微分方程中的变量写成由各变量或其导数的节点值与所选用的插值函数组成的线性表达式，借助于变分原理和加权余量法，将微分方程离散求解。采用不同的权函数和插值函数形式，便构成不同的有限元方法。有限元法特别适用于求解不规则边界问题。

对于有限元法，其基本思路和解题步骤为：

（1）建立积分方程

有限元的出发点是根据变分原理或方程余量与权函数正交化原理，建立与微分方程初边值问题等价的积分表达式。考虑一维热扩散方程，不考虑熔体流动及潜热，式（2.6）变为：

$$\rho c_p \frac{\partial T}{\partial t} - \frac{\partial}{\partial x}\left(k \frac{\partial T}{\partial x}\right) = 0 \tag{2.16}$$

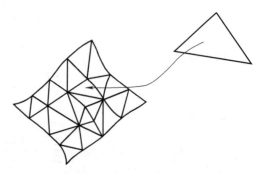

图 2.2　有限元法二维网格

（2）区域单元剖分

根据求解区域的形状及实际问题的物理特点，将区域划分为若干个相互连接、不重叠的单元。常用的单元形状为三角形和四边形（二维）、四面体和六面体（三维）。每个单元上可以取数个点作为节点，每个单元和节点都有对应的编号。单元通过顶点与相邻单元相联系。不包含边界的单元称为内部单元，包含边界的单元称为边界单元。通常内部单元编号在前，然后依次为第一、第二、第三类边界单元。

以上述一维问题为例，将求解区间 $[a, b]$ 分成若干个子区间，其节点为 $a \leqslant x_i \leqslant b$，每个单元 $e_i = [x_{i-1}, x_i]$ 的长度为 $\Delta x^e = x_i - x_{i-1}$，如图 2.3 所示[3]。

（3）确定单元基函数

根据单元中节点数目及对近似解精度的要求，选择满足一定插值条件的插值函数作为单元基函数（也称形函数、试函数）。有限元方法中的基函数是在单元中选取的，由于各单元具有规则的几何形状，在选取基函数时可遵循一定的法则：

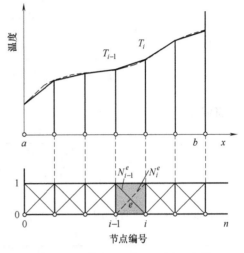

图 2.3　一维有限元单元、节点示意图

① 每个单元中的基函数的个数和单元中的节点数相同，每个节点对应一个基函数。

② 基函数应具有下述性质：

$$N_j(x_k) = \delta_{jk} = \begin{cases} 1, & j=k \\ 0, & j \neq k \end{cases} \qquad (2.17)$$

例如对于图 2.3 示例的单元 e（图中阴影显示的单元），单元的两个节点为 x_{i-1} 和 x_i。当 $x = x_{i-1}$ 时基函数 $N_{i-1}^e(x_{i-1}) = 1$，当 $x = x_i$ 时基函数 $N_{i-1}^e(x_i) = 0$。在单元 e 之内任意的 x，基函数的积分都为 1，单元 e 以外基函数都为 0。因此 (x_{i-1}, x_i) 可写为：

$$\begin{aligned} x &= N_{i-1}^e(x)x_{i-1} + N_i^e(x)x_i \\ &= \begin{bmatrix} N_{i-1}^e & N_i^e \end{bmatrix} \begin{Bmatrix} x_{i-1} \\ x_i \end{Bmatrix} \\ &= [N^e]\{x^e\} \end{aligned} \qquad (2.18)$$

式中，$[N^e]$ 为基函数矩阵；$\{x^e\}$ 为节点向量矩阵。

（4）单元分析

将各个单元中的求解函数用单元基函数的线性组合表达式进行逼近，再将近似函数代入积分方程并对单元区域进行积分，可获得含有待定系数（即单元中各节点的参数值）的代数方程组，称为单元有限元方程。

上述单元 e 的温度可以通过单元节点温度的积分求得：

$$T(x) = N_{i-1}^e(x)T_{i-1} + N_i^e(x)T_i = [N^e]\{T^e\} \qquad (2.19)$$

可见单元中的近似函数由单元基函数线性组合组成，全域的近似函数可由各单元的近似函数叠加产生。

对于线性基函数有：

$$N_{i-1}^e(x) = \frac{x_i - x}{\Delta x^e} \tag{2.20}$$

$$N_i^e(x) = \frac{x - x_i}{\Delta x^e} \tag{2.21}$$

所以：

$$T = T_{i-1} + \frac{T_i - T_{i-1}}{\Delta x^e}(x - x_{i-1}) \quad (x_{i-1} \leqslant x \leqslant x_i) \tag{2.22}$$

将温度对 x 作偏微分得：

$$\frac{\partial T}{\partial x} = \frac{\mathrm{d}[N^e]}{\mathrm{d}x}\{T^e\} = [B^e]\{T^e\} \tag{2.23}$$

$$[B^e] = \left[\frac{dN_{i-1}^e}{dx} \quad \frac{dN_i^e}{dx}\right] = \left[-\frac{1}{\Delta x^e} \quad \frac{1}{\Delta x^e}\right] \tag{2.24}$$

温度对时间的偏微分通常用有限差分法离散：

$$\frac{\partial T}{\partial t} = \frac{1}{\Delta t}[N^e](\{T^e\}^{n+1} - \{T^e\}^n) \tag{2.25}$$

式（2.16）在每个单元里满足：

$$\int_{x_{i-1}}^{x_i} W^e \rho c_p \frac{\partial T}{\partial t} \mathrm{d}x - \int_{x_{i-1}}^{x_i} W^e \frac{\partial}{\partial x}\left(k \frac{\partial T}{\partial x}\right) \mathrm{d}x = 0 \tag{2.26}$$

式中，W^e 为权重函数。

将等号右侧第二项积分应用分部积分法，式（2.26）变为：

$$\int_{x_{i-1}}^{x_i} W^e \rho c_p \frac{\partial T}{\partial t} \mathrm{d}x + \int_{x_{i-1}}^{x_i} \frac{\partial W^e}{\partial x}\left(k \frac{\partial T}{\partial x}\right) \mathrm{d}x = W^e k \frac{\partial T}{\partial x}\bigg|_{x_{i-1}}^{x_i} \tag{2.27}$$

将式（2.23）和式（2.25）代入式（2.27）得：

$$\left(\int_{x_{i-1}}^{x_i} W^e \rho c_p [N^e] \mathrm{d}x\right)\frac{\{T^e\}^{n+1} - \{T^e\}^n}{\Delta t} + \left(\int_{x_{i-1}}^{x_i} \frac{\partial W^e}{\partial x} k [B^e] \mathrm{d}x\right)\{T^e\}^{n+\zeta} = W^e k \frac{\partial T}{\partial x}\bigg|_{x_{i-1}}^{x_i} \tag{2.28}$$

接下来需要确定权重函数 W^e。常用伽辽金法取基函数的转置矩阵作为权重函数：$W^e = [N^e]^T$，将其代入式（2.28）得：

$$\left(\int_{x_{i-1}}^{x_i} [N^e]^T \rho c_p [N^e] \mathrm{d}x\right)\frac{\{T^e\}^{n+1} - \{T^e\}^n}{\Delta t} + \left(\int_{x_{i-1}}^{x_i} [B^e]^T k [B^e] \mathrm{d}x\right)\{T^e\}^{n+\zeta}$$

$$= [N^e]^T k \frac{\partial T}{\partial x}\bigg|_{x_{i-1}}^{x_i} \tag{2.29}$$

或写成：

$$[C^e]\frac{\{T^e\}^{n+1}-\{T^e\}^n}{\Delta t}+[K^e]\{T^e\}^n=\{b^e\} \tag{2.30}$$

式中，$[C^e]$ 为单元的热容矩阵；$[K^e]$ 为单元的传导矩阵，有时为了与塑性问题有限元法相对应，也称作刚度矩阵；$\{b^e\}$ 为载荷向量。

（5）总体合成

在得出单元有限元方程之后，将区域中所有单元有限元方程按一定法则进行累加，形成总体有限元方程。这一过程是将单元有限元式（2.30）中的系数矩阵（称为单元刚度矩阵）逐个累加，合成为总体系数矩阵（称为总刚度矩阵）；同时将单元荷载向量逐个累加，合成为总荷载向量，从而得到线性代数方程组。

总体合成后获得总体方程为：

$$\begin{bmatrix} 1/2 & 0 & & & \\ 0 & 1 & 0 & & \\ & 0 & 1 & 0 & \\ & & 0 & 1 & \\ & & & & \ddots \end{bmatrix}\begin{Bmatrix} T_1^{n+1} \\ T_2^{n+1} \\ T_3^{n+1} \\ \vdots \end{Bmatrix}=\begin{bmatrix} 1/2-F_o & F_o & & \\ F_o & 1-2F_o & F_o & \\ & F_o & 1-2F_o & F_o \\ & & & \ddots \end{bmatrix}\begin{Bmatrix} T_1^{n} \\ T_2^{n} \\ T_3^{n} \\ \vdots \end{Bmatrix} \tag{2.31}$$

（6）边界条件的处理

一般边界条件有三种形式，分别为本质边界条件（狄里克雷边界条件）、自然边界条件（黎曼边界条件）和混合边界条件（柯西边界条件）。对于自然边界条件，一般在积分表达式中可自动得到满足。对于本质边界条件和混合边界条件，需要按一定法则对总体有限元方程进行修正满足。

（7）解有限元方程

根据边界条件修正的总体有限元方程组是含有待定未知量的封闭方程组，采用适当的数值计算方法求解，可求得各节点的函数值。

2.1.4　有限体积法

有限体积法基于积分形式的守恒方程，将计算区域划分成均匀或非均匀的网格，每个网格为一个控制体积，通常采用交错网格，二维交错网格如图2.4所示，三维交错网格如图2.5所示。将控制方程根据守恒定律在控制体积内积分，获得对应的离散方程[2]。

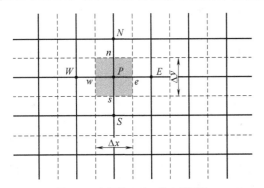

图2.4　有限体积法二维交错网格

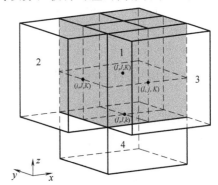

图2.5　有限体积法三维交错网格示意图

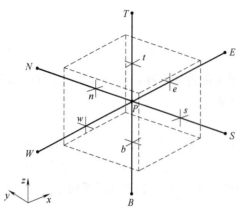

图 2.6 控制体节点及其相邻节点编号

图 2.6 为一个标量控制体和边界上速度控制体示意图。标量控制体存储温度、溶质浓度、扩散系数、密度、固相分数、压力等变量。向量控制体网格存储速度值。用不同的节点编号表示标量和速度网格。标量节点用（I，J，K）表示，x 方向速度节点编号为（i，J，K），y 方向速度节点为（I，j，K），z 方向速度节点为（I，J，k）。

每个控制体有 6 个相邻的控制体，当前控制体节点用 P 表示，相邻的 6 个控制体分别表示为 W、E、S、N、B、T。控制体的 6 个面分别用小写字母 w、e、s、n、b、t 表示，见图 2.6。相邻节点间距离的表示符号与二维所用的符号相似。

流场控制方程、热扩散方程和溶质扩散方程写成如下通用形式：

$$\frac{\partial(\rho\Phi)}{\partial t}+\nabla\cdot(\rho u\Phi)=\nabla\cdot(\gamma\nabla(\Phi))+S_\Phi \tag{2.32}$$

式中，γ 为广义扩散系数；S_Φ 为方程源项，对于流场，压力梯度项暂且放到源项 S_Φ 中。

通用控制方程中的四项分别代表瞬态项、对流项、扩散项以及源项。对应不同的变量 Φ，式（2.32）中的系数见表 2.1。

▫ 表 2.1　通用控制方程中各符号的具体形式

项目	Φ	γ	S_Φ
连续性方程	1	0	0
动量方程	u_i	μ	$-\dfrac{\partial p}{\partial x_i}+S_{ui}$
溶质方程	c_i	ρD_i	S_{ci}
温度方程	T	$\rho\alpha$	S_{Ti}

瞬态项和扩散项采用中心差分格式，对流项采用一阶迎风格式，应用有限体积法将通用控制方程进行离散，离散方程可写成如下形式：

$$a_P\Phi_P=a_W\Phi_W+a_E\Phi_E+a_S\Phi_S+a_N\Phi_N+a_B\Phi_B+a_T\Phi_T+a_P^0\Phi_P^0+b \tag{2.33}$$

或简写成：

$$a_P\Phi_P=\sum a_{nb}\Phi_{nb}+b \tag{2.34}$$

式中，源项进行线性化处理：$S_\Phi=S_c+S_P\Phi_P$。

$$a_P=a_W+a_E+a_S+a_N+a_B+a_T+a_P^0+\Delta F-S_p\Delta V \tag{2.35}$$

$$a_P^0=\frac{\rho_P^0\Delta V}{\Delta t} \tag{2.36}$$

$$b=S_c\Delta V \tag{2.37}$$

采用一阶迎风格式的方程系数见表 2.2 和表 2.3。

表2.2 离散方程中的系数

a_W	$D_w+\max(0,F_w)$	a_S	$D_s+\max(0,F_s)$	a_B	$D_b+\max(0,F_b)$
a_E	$D_e+\max(0,-F_e)$	a_N	$D_n+\max(0,-F_n)$	a_T	$D_t+\max(0,-F_t)$
ΔF	$F_e-F_w+F_n-F_s+F_t-F_b$				

表2.3 表2.2中F和D的表达式

面	i					
	w	e	s	n	b	t
F_i	$(\rho u)_w A_w$	$(\rho u)_e A_e$	$(\rho v)_s A_s$	$(\rho v)_n A_n$	$(\rho w)_b A_b$	$(\rho w)_t A_t$
D_i	$\dfrac{\gamma_w}{\delta x_w}A_w$	$\dfrac{\gamma_e}{\delta x_e}A_e$	$\dfrac{\gamma_s}{\delta y_s}A_s$	$\dfrac{\gamma_n}{\delta y_n}A_n$	$\dfrac{\gamma_b}{\delta z_b}A_b$	$\dfrac{\gamma_t}{\delta z_t}A_t$

2.1.5 格子-Boltzmann 法

格子-Boltzmann 法（lattice boltzmann method，LBM）无需求解线性方程组即可计算流体运动。LBM 离散了粒子的速度空间和真实空间，并同时离散分布函数，用一个碰撞算子模拟一个时间步内的分布函数的演变，继而计算包括密度、压强、内能等诸多流场信息。

格子-Boltzmann 法非常适合于求解存在复杂移动边界的多相流问题。近年来，很多研究者将格子-Boltzmann 法与计算枝晶生长的模型相结合，模拟树枝晶生长过程。Miller 等最早用相场法，结合 LBM 模拟了流动作用下树枝晶生长。Chopard 和 Dupuis 应用元胞自动机模型和 LBM 模拟了水管中的腐蚀和沉积过程。Zhu 应用 LBM 方法和元胞自动机模型，模拟了流动作用下二维枝晶生长过程。Zhang 等应用三维元胞自动机模型，结合三维 LBM 方法，模拟了流动作用下 Al-Cu 合金过冷熔体中枝晶生长。Eshraghi 等建立三维 LB-CA 模型，模拟了流动作用下的枝晶生长。

一个完整的格子-Boltzmann 模型通常由三部分组成：格子，即离散速度模型；平衡态分布函数；分布函数的演化方程[4-6]。

分布函数的演化方程为：

$$f_i(x+e_i\Delta t,t+\Delta t)-f_i(x,t)=-\frac{1}{\tau}(f_i(x,t)-f_i^{eq}(x,t)) \tag{2.38}$$

式中，$f_i(x,t)$ 为粒子分布函数，表示在 t 时刻，在 x 位置出现一个粒子的可能；e_i 为粒子的离散移动速度；Δt 为时间步长；τ 为无量纲松弛时间；$f_i^{eq}(x,t)$ 为平衡态分布函数；离散速度 e_i 根据计算空间维数，可以选择不同的数量。通常用 DnQb（n 为空间维数，b 为离散速度数）模型表示。常用的有 D1Q3、D1Q5、D2Q7、D2Q9、D3Q15、D3Q19 等。

（1）D2Q9 模型

D2Q9 模型离散速度见图 2.7，其离散速度为：

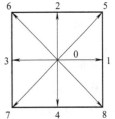

图 2.7 D2Q9 模型

$$e_i = \begin{cases} (0,0) & \alpha = 0 \\ c\left(\cos\left[(\alpha-1)\right]\dfrac{\pi}{2}, \sin\left[(\alpha-1)\right]\dfrac{\pi}{2}\right) & \alpha = 1,2,3,4 \\ \sqrt{2}c\left(\cos\left[(2\alpha-1)\right]\dfrac{\pi}{4}, \sin\left[(2\alpha-1)\right]\dfrac{\pi}{4}\right) & \alpha = 5,6,7,8 \end{cases} \tag{2.39}$$

（2）D3Q19 模型

D3Q19 模型离散速度见图 2.8，其离散速度为：

$$e_i = e \begin{bmatrix} 0 & 1 & 1 & 0 & -1 & -1 & -1 & 0 & 1 & 0 & 1 & 0 & -1 & 0 & 1 & 0 & -1 & 0 & 0 \\ 0 & 0 & -1 & -1 & -1 & 0 & 1 & 1 & 1 & 0 & 0 & -1 & 0 & 1 & 0 & -1 & 0 & 1 & 0 \\ 0 & 0 & 0 & 0 & 0 & 0 & 0 & 0 & 0 & 1 & 1 & 1 & 1 & 1 & -1 & -1 & -1 & -1 & -1 \end{bmatrix} \tag{2.40}$$

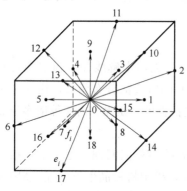

图 2.8　D3Q19 模型

无量纲松弛时间为：

$$\tau_\sigma = 3\nu/(c^2\Delta t) + 1/2 \tag{2.41}$$

式中，ν 为动力学黏度；$c = \Delta x/\Delta t$ 为格子速度，Δx 为格子尺寸。

根据粒子分布函数可以计算密度、流动速度等宏观量：

$$\rho = \sum_i f_i \tag{2.42}$$

$$\rho\boldsymbol{u} = \sum_i f_i e_i \tag{2.43}$$

平衡态分布函数可表示为：

$$f_i^{eq} = \omega_i \rho \left[1 + 3e_i \cdot \boldsymbol{u}^{eq}/c^2 + 4.5(e_i \cdot \boldsymbol{u}^{eq})^2/c^4 - 1.5(\boldsymbol{u}^{eq})^2/2c^2\right] \tag{2.44}$$

式中，ω_i 为权重因子：

$$w_i = \begin{cases} 1/3 & i = 0 \\ 1/18 & i = 1,3,5,7,9,18 \\ 1/36 & i = 2,4,6,8,10,11,12,13,14,15,16,17 \end{cases} \tag{2.45}$$

（3）壁面边界的处理

格子-Boltzmann 法常用处理壁面边界格式有：启发各式、动力学格式额插值/外推格式。其中启发格式常用的有标准的反弹格式、修正反弹格式、Half-Way 反弹格式、镜面反弹格式、对称格式。

标准反弹格式最常用于处理静止无滑移壁面条件。假设粒子与壁面碰撞后速度逆转，如图 2.9 所示的边界，当碰撞后的分布函数为 $f_2 = f_4$，$f_5 = f_7$，$f_6 = f_8$。

其他格式读者可查阅相关资料获得。

格子-Boltzmann 法求解一般步骤为：①由分布函数计算密度和流动速度；②计算平衡态分布函数；③计算演化方程。

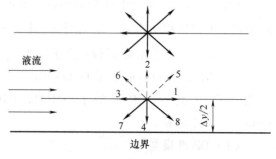

图 2.9　反弹格式

2.2 凝固过程微观组织模拟方法

凝固组织的研究可以从原子尺度到宏观尺度。这个很宽的范围能够使物理学家、材料科学家、铸造工作者分别在不同的规模尺度上研究凝固和微观组织的形成。微观组织的数值模拟先后经历了定性模拟到半定量、定量模拟，由定点形核到随机形核，由确定性模型发展到概率模型以及相场模型。在微观尺度内，可以计算枝晶生长的动力学和凝固过程的轨迹。在宏观范围内，根据能量、动量和溶质的守恒方程计算熔液的过冷和凝固。晶粒是介于宏-微观之间的尺度，因此，模拟晶粒的组织就要建立宏-微观统一的模型。将宏观守恒方程与微观的形核、生长等耦合起来。宏观量如温度、流场等，可以利用相应的方程计算，通常采用有限元或有限差分法求解。在微观范围内采用解析的方法分析枝晶尖端或晶粒的动力学生长，并且考虑到扩散、曲率及吸附动力学因素。

铸件凝固模拟的目的是为了得到固/液相界面运动的时间和空间上的描述。这些模拟可以用于预测铸件的完整性（有无缺陷）、微观组织的长度尺度、相的分数。要描述固/液相界面需要考虑三种长度尺度[7]（图 2.10）。

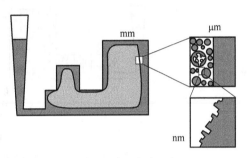

图 2.10 凝固长度尺度

① 宏观尺度（宏观组织）：mm～m 级。可以预测缩孔、宏观偏析、裂纹、表面质量、铸件尺寸。这些宏观组织特征在很大程度上影响到铸件的性能及表面质量。

② 微观尺度（微观组织）：μm～mm 级。大多数情况下，铸件的机械性能取决于凝固期间所形成的微观组织。可以预测铸态晶粒的尺寸及类型（柱状晶或等轴晶）、化学微观偏析的类型和密度、显微缩孔的数量、缩松和夹渣。

③ 纳观尺度（原子尺度）：nm 级。固液界面动力学的精确描述需要原子尺度的计算。

近年来，各种微观组织模拟方法纷纷出现，这些方法各有其优缺点，却在一定程度上比较准确地模拟了金属的凝固组织。但是，由于实际的凝固组织比较复杂，它们都做了很多假设，因此离实际铸件凝固组织还有一定距离。微观组织数值模拟的方法大体上分为三种：以描述枝晶生长的第一类模型称为确定性方法（deterministic method），与此相对比的是概率方法（stochastic method），以及直接微观组织模拟方法——相场方法（phase field method）。

2.2.1 确定性方法

确定性方法是建立在经典动力学即经典运动方程之上的。这种方法的出发点是物理系统确定的微观描述，它是用运动方程来计算系统的性质。具体做法是在计算机上求解运动方程的数值解，通过解力学方程获取与时间有关的力学性质。所谓确定性模型是指在给定时刻，一定体积熔体内晶粒的形核密度和生长速率是确定的函数，例如过冷度的函数。该函数通过试验得出（如对各种冷速下凝固的试样，观察其横截面积，测量冷却曲线和晶粒密度）。晶粒一旦形成，它就以与界面速度相同的速度进行生长。枝晶前沿或共晶界面的凝固动力学可以从理论模型中导出。柱状晶组织的形成主要是基于凝固前沿的移动速度，这可以由宏观温度场的计算得到。但是在等轴晶形成的凝固过程中，界面的移动速度不再与等温线的移动速度有关。为了模拟等轴晶组织的形成过程，必须在宏观热流计算中同时考虑形核和生长。另外，晶粒之间的碰撞对于共晶组织来说是非常重要的，可以通过几何学或随机晶粒排列模型进行处理。

确定性方法是基于对某一体积元连续方程的解。首先将铸件的计算域划分为一个个的宏观体积元，每个宏观体积元内温度假定是均匀的。然后基于形核规律再将每一宏观体积元再划分成微观体积元，对于等轴晶而言，微观体积元为球形，柱状晶为圆柱形。在一个微观体积元中只能有一个晶粒以速度 v 生长，如图 2.11 所示。

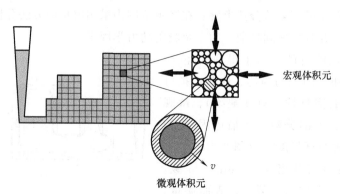

图 2.11　宏-微观耦合的确定性模型计算域划分示意图 [1]

在宏观范围内，可以求解基本的传导方程。在微观尺度内，确定性模拟方法假定金属凝固过程中固相的移动速率为零（one velocity models），即一旦形核，晶粒则保持固定的位置（微观体积元是固定的）。凝固过程中，只考虑液相和固相，忽略晶粒的合并和分解，对于一个给定的宏观体积元，在一定的时间，局域固相分数 f_S 为：

$$f_S(x,t)=1-\exp\left[-N(x,t)\frac{4}{3}\pi R^3(x,t)\right] \tag{2.46}$$

式中，$N(x,t)$ 为体积晶粒密度，$1/m^3$；$R(x,t)$ 为晶粒半径，$1/m$。根据具体的形核和生长的动力学，$N(x,t)$ 和 $R(x,t)$ 计算为微观尺度内的计算，通过热源项将宏观和微观耦合起来。对于上述的确定性模型，根据质量传输和能量传输，宏观体积元是一个开放的体系，而微观体积元对质量传输来说是一个等温和封闭的体系。

确定性模型是以凝固动力学为基础，理论明确，符合晶粒生长的物理背景，具有实际意义。但正是由于它的确定性，还不能考虑晶粒生长过程中的一些随机现象，如随机形核分布，随机晶向取向等。它忽略了枝晶生长的不连续性及晶体学的影响，不能考虑始于铸型表面晶粒生长过程中的选择机制。枝晶是远离平整界面稳定性极限的结晶形式，它的取向尽可能与热流方向一致或相反，但总是沿着某一优先生长的晶向，这些优先生长的晶向是由结晶学因素确定的。对于立方晶系的金属来说，枝晶择优生长方向为〈100〉，其形态的选择是建立在最佳取向基础上的，也就是说〈100〉结晶方向与热流方向保持一致，则生长最佳。另外，确定性模型不能预测柱状晶到等轴晶的转变过程，不能再现凝固时枝晶生长、竞争和淘汰过程，更不能预测每个晶粒的具体形貌。晶粒生长确定性模型一般用于形核密度、枝晶尖端长大速度的原始计算。

2.2.2 概率方法

概率方法是部分或整体具有随机性的方法。主要有蒙特卡罗法（Monte Carlo method，简称 MC）和元胞自动机法（cellular automata method，简称 CA）。它是借助于计算机作随机取样，根据问题的数学特征将一个确定性问题化为一个随机性问题，建立一个概率模型，并使它的参数与问题的解有关，然后通过计算机对模型作大量的随机取样，最后对取样结果作适当的平均而求得问题的近似解。

所谓概率模型是指主要采用概率方法来研究晶粒的形核和长大，包括形核位置的随机分布和晶粒晶向的随机选择等。概率模型能够再现凝固过程中每个晶粒的形貌和尺寸，其计算过程需要以下步骤：将区域分割成规则的胞状网；每个胞赋予一个变量和状态；每个胞按照一定的规则和相邻的胞相互作用；定义转变规则，控制凝固进展中每个胞可能的状态和变量，如图 2.12所示。晶粒生长时能量起伏和结构起伏也是一个随机过程。因此，采用概率方法来研究微观组织的形成更接近实际。

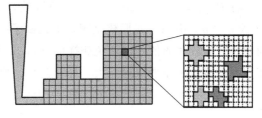

图 2.12　宏-微观耦合的概率性模型计算域划分示意图

（1）蒙特卡罗（Monte Carlo）模拟方法

第二次世界大战期间，物理学家 von Neumann 和 Ulam 为了研制原子弹，在计算机上用随机抽样的方法模拟了中子连锁反应，并把这种方法称为蒙特卡罗法，蒙特卡罗方法便以它的发源地而命名。蒙特卡罗法又叫统计试验方法，是一种采用统计抽样理论近似地求解数学问题或物理问题的方法，通过随机赋值而由大量随机过程获得统计结果的方法。

蒙特卡罗法属于试验数学的分支，是一种随机模拟的方法，它根据待求问题的变化规律，人为地构造一个合适的概率模型，依据模型进行大量的统计试验，使它的某些统计参量，正好是待求问题解。利用蒙特卡罗方法求解问题时，基本的思路是首先建立一个与描述的物理对象有相似性的概率模型，利用这种相似性，把概率模型的某些特征（如随机事件的概率或随机变量的平均值等）与描述物理问题的解答（如积分值、微分方程的解等）联系起来，然后对模型进行随机模拟和统计抽样，利用所得到的结果求出特征的统计估值作为原来问题的近似解。如果需要的话，要对解的精确度进行检验和估计。

晶体生长过程就是千千万万生长基元的随机过程，在生长的任一时刻，这些生长基元有的熔解，有的在扩散迁移，而且都是无规则的。对于这样大量的随机过程，用人工和其他任何方法都是无法计算的。电子计算机在这方面却大有用武之地。随着高速度、大容量电子计算机的出现，现在人们想要模拟一个数千万次的晶体生长随机过程，只用十几分钟便可完成。这就是人们常说的"计算机上的晶体生长"。采用电子计算机模拟晶体生长，不仅可以克服用界面模型运算时不可避免的误差，而且还能得到直观的图像。

蒙特卡罗方法是在模拟的计算区域里，随机地生成一定形状的网格，这些网格是否成为晶核取决于该处的热力学条件（温度、浓度、熔点），即计算该处成核可能性，可能性大就生核，可能性小，随机生成的网格就消失，重复这一过程，有的网格留下来形成晶核，晶核进一步发展成为晶胞。晶胞能否长大，根据自由能的计算来决定。MC 模拟晶粒生长技术建立在界面能最小原理基础上，将微观结构映射到离散的三角形或四边形网格单元上，每一个网格单元被初始化为 1（表示液相）。之后，随机选取单元，计算其形核概率 $P_n(x, y, t+\Delta t)$：

$$P_n(x, y, t+\Delta t) = \Delta N V_m \tag{2.47}$$

式中，V_m 为每个网格单元的体积，对于三角形网格，$V_m = \sqrt{3}/2 L^2 \delta$，其中 L 为边长，δ 为网格厚度；ΔN 为 t 到 $t+\Delta t$ 时刻内单位体积熔体形核数目，其值可由确定性方法中的连续形核模型求出。

将 $P_n(x, y, t+\Delta t)$ 与一个随机数发生器 n（$0 \leqslant n \leqslant 1$）作比较，若 $P_n(x, y, t+\Delta t) > n$，则该单元形核凝固，随机赋予一个从 1 到 Q 的整数晶向值（Q 为可取的晶向数，宜取较大的值，以避免碰撞问题），以表示其晶向。对具有不同晶向值的相邻单元，按照界面能最小原理依附长大，计算其长大概率 $P_g(x, y, t+\Delta t)$：

$$P_g(x, y, t+\Delta t) = 0 \qquad (\Delta T \leqslant 0) \tag{2.48a}$$

$$P_g(x, y, t+\Delta t) = \exp\left[\frac{-\Delta F_g(x, y, t+\Delta t)}{k_B T}\right] \qquad (\Delta T > 0) \tag{2.48b}$$

$$\Delta F_g = \Delta F_v + \Delta F_s \tag{2.49}$$

式中，ΔF_g 为总的自由能变化；ΔF_v 为过冷度决定的体积自由能变化；ΔF_s 为不同界面造成的界面能变化。

通过对具有不同晶向值的两个相邻区域的边界单元（晶界）进行颜色填充，可在计算机屏幕上得到微观组织图像（图 2.13）。

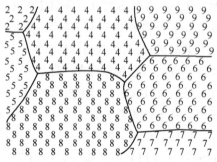

图 2.13　基于三角形网格的模拟微观组织

（整数值表示晶向，实线表示晶粒边界）

英国 SWANCEA 大学 Spittle 和 Brown[8] 首先提出晶粒形成的概率模型。他们应用 Anderson 等发展的 MC 模型，以晶粒自由能最小原理为基础模拟晶粒生长。根据概率规则，这些质点的状态可以改变，如从液态变为固态等，Brown 和 Spittle 能再现二维微观组织，在屏幕上进行二维显示，与金相结果非常接近。特别能再现柱状晶区晶粒选择、柱状晶到等轴晶的转变过程。但是他们的研究建立在假定的金属上，不能定量分析各种物理现象，没有考虑枝晶间的溶质浓度分布和成分过冷等重要的物理参数，没有明确提出相变过程中界面能和体自由能的变化，而是依据"网格相互作用系数"。另外，用于计算的 MC 时间步长与真实的时间对应关系不明确，因为在每一步中，N 个结点是在 MC 网格的 N 个结点上随机选取的。这种结果在很大程度上依赖于 MC 法选择的网格类型，而且枝晶尖端的动力学未加研究。加拿大皇后大学 Zhu 和 Smith[9,10] 考虑了材料的界面能，将连续方程与 MC 法结合，得出了与前者相似的结果，但没有考虑金属在实际浇注过程的流动。

（2）元胞自动机模拟方法

元胞自动机方法是 von Neumann 早在 20 世纪 60 年代模拟物理现象时引进的，它的特点是便于图形显示，而且具有实时性。元胞自动机模型将计算区域划分为均匀网格，称为元胞。每个元胞储存元胞的状态值，如温度、溶质浓度、固相分数（1 为固相，0 为液相，0-1 为界面）、生长方向、液相流速等一些物理量。通过求解温度、溶质传输方程，确定每一时刻各个元胞的温度、浓度。固液界面在一个元胞之内，只有界面元胞可以生长。界面元胞下一时刻的状态由此时刻本身的状态和其邻居元胞的状态决定。界面元胞可以根据一定的捕获规则捕获其周围临近的液相元胞，使其状态由液相变为界面，在下一时间步长内开始生长。

CA 模型的特征是：凝固区域首先用较粗的网格来计算温度场，在此网格内，划分成更细而均匀的节点，在其中采用 CA 模型进行形核与生长计算，CA 节点是自动生成的。所有的节点在凝固前沿为液态，$P_i = 0$。如在一定时间内，过冷度满足形核条件，此单元的某些结点形核，下标 P_i 设置为正整数，它是从一系列随机取向族中选取的。CA 与 MC 模型的主要区别在于，CA 的生长算法是完全确定的，在 CA 的计算中，假定枝晶按照尖端动力学方式生长，择优取向是 ⟨100⟩ 方向，且与母胞保持一致。当晶粒长大时，它捕获周围液态胞，使这一液态胞变为固态，且与母胞保持同样的生长取向。在 CA 算法中可以直接体现枝晶生长的竞争机制。

在元胞自动机中，相邻离散点间的局部相互作用是通过确定性或概率性转变规则来确定的。如果离散点的状态变量值仅依赖于最近邻的离散点的状态变量值，离散点的这种近邻关系叫作冯·诺伊曼近邻关系；如果离散点的状态变量值由其最近邻和次近邻离散点的状态变量值共同决定，这种近邻关系叫作摩尔（Moore）近邻关系。对于一维情况如图 2.14 所示。在时刻 $t_0 + \Delta t$，某离散点上的状态变量值 ξ 将由该离散点及其相邻点在时刻 t_0（或几个相邻时刻 t_0、$t_0 - \Delta t$ 等）的状态变量值所确定[11-15]。若只考虑最近邻的两个时间步，采用冯·诺伊曼近邻关系，一维元胞自动机中任一离散点 i 的状态变量值演化可由式（2.50）表示：

$$\xi_i^{t_0 + \Delta t} = f(\xi_{i-1}^{t_0}, \xi_i^{t_0}, \xi_{i+1}^{t_0}, \xi_{i-1}^{t_0 - \Delta t}, \xi_i^{t_0 - \Delta t}, \xi_{i+1}^{t_0 - \Delta t}) \tag{2.50}$$

式中，$\xi_i^{t_0}$ 表示在时刻 t_0 离散点 i 的状态变量值，位置 $i-1$ 和 $i+1$ 分别是与位置 i 相邻的左边离散点和右边离散点。函数 f 为元胞自动机的转变规则，其具体形式可根据研究的问题具体而定。若采用摩尔近邻关系，元胞自动机的转变规则式（2.50）可改写为：

$$\xi_i^{t_0 + \Delta t} = f(\xi_{i-2}^{t_0}, \xi_{i-1}^{t_0}, \xi_i^{t_0}, \xi_{i+1}^{t_0}, \xi_{i+2}^{t_0}, \xi_{i-2}^{t_0 - \Delta t}, \xi_{i-1}^{t_0 - \Delta t}, \xi_i^{t_0 - \Delta t}, \xi_{i+1}^{t_0 - \Delta t}, \xi_{i+2}^{t_0 - \Delta t}) \tag{2.51}$$

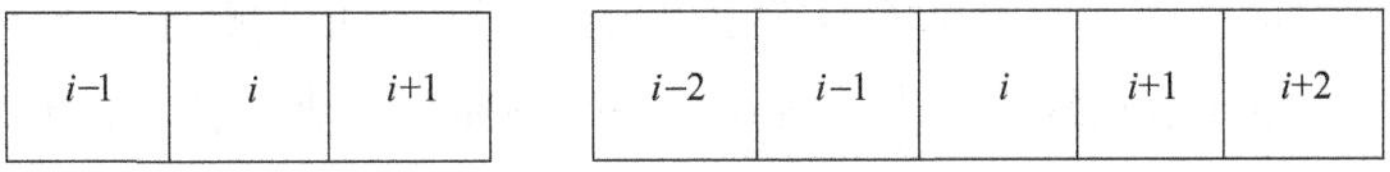

$i-1$	i	$i+1$

$i-2$	$i-1$	i	$i+1$	$i+2$

(a)　　　　　　　　　　　　　　(b)

图 2.14　一维冯·诺伊曼近邻关系（a）和二维摩尔近邻关系（b）

对于二维情况，冯·诺伊曼和摩尔近邻关系如图 2.15 所示，其转变规则可用式

（2.52）和式（2.53）表示。当然，还可以将近邻关系进一步扩展，如可扩展为在一定距离内所有的离散点。

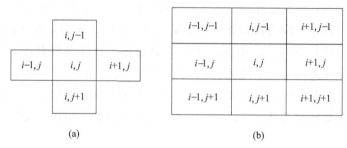

图 2.15 二维冯·诺伊曼近邻关系（a）和二维摩尔近邻关系（b）

$$\xi_i^{t_0+\Delta t}=f(\xi_{i-1,j}^{t_0},\xi_{i,j-1}^{t_0},\xi_{i,j}^{t_0},\xi_{i,j+1}^{t_0},\xi_{i+1,j}^{t_0},\xi_{i-1,j}^{t_0-\Delta t},\xi_{i,j-1}^{t_0-\Delta t},\xi_{i,j}^{t_0-\Delta t},\xi_{i,j+1}^{t_0-\Delta t},\xi_{i+1,j}^{t_0-\Delta t})$$

（2.52）

$$\xi_i^{t_0+\Delta t}=f(\xi_{i-1,j-1}^{t_0},\xi_{i-1,j}^{t_0},\xi_{i-1,j+1}^{t_0},\xi_{i,j-1}^{t_0},\xi_{i,j}^{t_0},\xi_{i,j+1}^{t_0},\xi_{i+1,j-1}^{t_0},\xi_{i+1,j}^{t_0},\xi_{i+1,j+1}^{t_0},$$
$$\xi_{i-1,j-1}^{t_0-\Delta t},\xi_{i-1,j}^{t_0-\Delta t},\xi_{i-1,j+1}^{t_0-\Delta t},\xi_{i,j-1}^{t_0-\Delta t},\xi_{i,j}^{t_0-\Delta t},\xi_{i,j+1}^{t_0-\Delta t},\xi_{i+1,j-1}^{t_0-\Delta t},\xi_{i+1,j}^{t_0-\Delta t},\xi_{i+1,j+1}^{t_0-\Delta t})$$ （2.53）

可见元胞自动机的状态可由各离散点的状态变量值和转变规则完整描述。在一般的元胞自动机中，转变规则是非常简单的。但是，如果离散点间的相互作用符合某偏微分方程所描述的规律，则其转变规则就相当于该偏微分方程在局部区域的离散化数值解。

20 世纪 90 年代，瑞士联邦洛桑工学院 Rappaz 和 Gandin 等发表文章[16,17]，介绍了

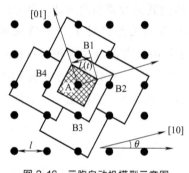

图 2.16 元胞自动机模型示意图

一种模拟晶粒生长的元胞自动机模型。在二维平面上，将铸件划分为规则的网格单元（通常为四边形或六边形），标记每个单元的最相邻单元、次相邻单元。图 2.16 为元胞自动机模型示意图。A 是网格单元的一个形核结点，它在某一时刻 t_N 结晶形核，CA 的形核采用蒙特卡罗过程。晶粒长大方向与 x 轴夹角为 θ（随机选取 $-45°<\theta<45°$）。在 t 时刻，晶粒的半径，即图 2.16 中阴影四边形的半对角线长 $L(t)$ 为枝晶尖端长大速率在整个时间段的积分：

$$L(t)=\int v[\Delta T(t')]\mathrm{d}t'$$ （2.54）

式中，$v[\Delta T]$ 为生长速度。在 t_B 时刻，由 A 结点形核长大的四边形晶粒接触到四个相邻单元 B_1、B_2、B_3、B_4。这时，晶粒半对角线长 $L(t_B)$（即半径）与 CA 网格单元间距相等，按照元胞自动机的规则，此时单元 $B_1 \sim B_4$ 凝固，其索引值被赋予一个与原始结点 A 相同的整数。B 的四个单元节点继续长大，将在下一时刻捕获其他节点，依此类推。

元胞自动机方法与蒙特卡罗方法的区别。首先，元胞自动机如果选取合适的元胞尺寸，且能建立状态变量的代数、微分或积分控制方程，那么元胞自动机可以用来处理任意时间和空间尺度上的问题。蒙特卡罗方法不能用来模拟宏观尺度问题。其次，蒙特卡罗方法中的格点是用随机抽样顺序考察的，而元胞自动机所有格点的状态值是同步一齐更新

的。最后，蒙特卡罗方法采用的转变规则只有一种，即能量判据，而元胞自动机的转变规则是多种多样的，可采用确定性的转变规则，也可采用概率性的转变规则。

元胞自动机方法在凝固组织模拟中得到了广泛的应用。它是一种简单、直观的方法，如果一个系统的局部作用规律清楚之后，使用元胞自动机方法，可以较好地揭示该系统整体的性质。该方法用于凝固模拟时，以凝固热力学和形核生长动力学为依据，考虑了形核位置与取向的随机性，可以模拟从外层等轴晶中柱状晶的选择、柱状晶之间的竞争、晶粒边界的取向与热梯度之间的关系、柱状晶向等轴晶的转变、在不等温温度场中的等轴晶粒的形状等。已有的研究表明：元胞自动机方法在模拟晶粒竞争、织构进展和形态转变上更有优势。

概率模型能够用来描述枝晶和共晶合金凝固过程中的形核生长、搭接等过程。这些模型与温度场或有限元热流计算结合起来。相对于确定性模型来说，其主要优点为：①能生成一系列金相图，并可以直接与实验的显微相图比较。这就为材料科学家提供了一种新的"计算机金相图"。②当这些模型扩展到三维时，可再现实际晶粒的形貌，称为"计算机体视图"。③能解释柱状晶和等轴晶的组织。对枝晶生长合金，能再现外层等轴晶区、柱状晶区及拉长的晶粒和等轴晶的形成。④能解释拉长晶粒的形成过程。尽管晶粒在与热流减少的方向生长得快，由于晶粒的搭接，最终在与热流相反的方向形成拉长的晶粒。⑤能够再现枝晶合金柱状区的竞争、淘汰过程。

2.2.3 相场方法

"相场方法"是由引入的新变量——相场 $\phi(r, t)$，而得其名。相场 $\phi(r, t)$ 是一个序参量，是一个表示系统内部状态的热力学变量，表示系统在空间和时间上每个位置的物理状态（液态或固态）。可以定义相场变量一个确定的值表示系统中的相，如固相 $\phi=0$，液相 $\phi=1$。在固液界面上，ϕ 的值在 $0\sim1$ 之间连续变化。相场方法是直接微观组织模拟的研究方法，是模拟晶粒生长的新方法。

相场方法是建立在统计物理学基础上的，以金兹堡-朗道（Ginzburg-Landau）相变理论为基础，通过微分方程反应扩散、有序化势及热力学驱动力的综合作用[18-21]。相场方程的解可以描述金属系统中固液界面的状态、曲率以及界面的移动。把相场方程与宏观场（温度场、溶质场、速度场等）耦合，则可以对金属液的凝固过程进行真实的模拟。相场方法应用范围很广，尤其在材料科学中的应用。它可以用于模拟凝固过程组织结构的演变及固-固相变过程。相场方法在凝固过程组织模拟中的应用包括以下几个方面：

① 枝晶生长过程中相场与温度场或溶质场的耦合；

② 多个晶粒生长时多元相场的耦合；

③ 在包晶和共晶凝固中双相场与溶质场的耦合；

④ 当存在强迫对流时相场与速度场的耦合。

相场方法源于运动边界问题，运动边界问题亦称 Stefan 问题，以 Stefan 于 1891 年研究北极冰层厚度而得名。这一数学问题模拟了许多扩散现象。一个多世纪以来，由于其在处理各种相变过程和工程问题中的关键作用，一直是一个十分活跃的研究领域。经典的凝固问题亦称为自由边界问题，其特点在于求解域中存在一个位置随时间变化的固液界面，对纯物质而言，在确定的温度下，该移动界面是明锐的（共晶合金在这点上类似于纯物质）；对非纯物质（如合金），其凝固现象发生在一个温度范围内，移动"界面"是模糊的两相区。金属的凝固属于一级相变，模拟一级相变的传统方法涉及跟踪自由边界问题，需要求解非常棘手的自由边界问题。例如，纯物质的凝固，必须分别在固相、液相及界面建立能量守恒方程，并分别求解满足边界条件的固相和液相的温度场及其在运动的固液界面上的导数。

相场方法提供了数值求解复杂凝固问题的一种方便手段。对纯物质而言，其基本思想是将相场和温度一起作为待求函数，在整个区域（包括液相、固相和两相界面）建立一个统一的能量方程，利用数值方法求解相场的分布，然后确定两相界面。它把分区求解的相变问题化成整个区域上的非线性传热问题处理。因此，它不需要跟踪界面将液相和固相分开处理，这样在整个求解域中采用相同的数值计算方法，克服了原有跟踪界面模拟方法带来的形状误差，大大提高了计算模拟结果的精度。从本质上讲，相场模型是扩散界面模型的结果，它是用温度场和相场的一组非线性扩散方程来代替自由边界问题的经典方程，这种方法能够计算真实的、复杂的、随时间连续变化的界面结构，非常适合于晶粒的生长模拟，尤其是微观组织的三维模拟。相场方法本身只描述了晶粒的生长过程，可以采用确定性模型中的连续形核或瞬间形核模型描述。

综上所述，确定性方法能够把凝固过程中的物质守恒方程与形核、长大模型耦合起来；概率方法则是将能量方程与形核、长大模型耦合；确定性方法在考虑宏观偏析和固态传输时更接近实际凝固过程，概率方法则更适合于描述柱状晶的形成以及柱状晶与等轴晶的转变；但是，两种方法在模拟晶粒生长时都需要跟踪固液界面。相场方法由于其本身的特性，可以描述枝晶的形貌，特别是微观组织的三维形貌，缺点是计算域较小，计算效率低。

参考文献

[1] 陶文铨. 数值传热学. 2 版. 西安：西安交通大学出版社，2001.

[2] Versteeg H K, Malalasekera W. An introduction to computational fluid dynamics: The finite volume method. New York: Wiley, 1995.

[3] Dantzig J A, Rappaz M. Solidification. Lausanne: EPFL Press, 2009.

[4] 何雅玲，王勇，李庆. 格子 Boltzmann 方法的理论及应用. 北京：科学出版社，2009.

[5] 郭照立，郑楚光. 格子 Boltzmann 方法的原理及应用. 北京：科学出版社，2009.

[6] Mohamad A A. Lattice Boltzmann Method. Berlin: Springer, 2011.

[7] Stefanscu D M. Methodologies for modeling of solidification microstructure and their capabilities. ISIJ International, 1995, 35 (6): 637.

[8] Spittle J A, Brown S G R. Computer simulation of the effects of alloy variables on the grain structures of castings. Acta Metall, 1989, 37 (7): 1803.

[9] Zhu Panping, Smith R W. Dynamic simulation of crystal growth by Monte Carlo method—Ⅰ. Model description and Kietics. Acta Metall, 1992, 40 (4): 683.

[10] Zhu Panping, Smith R W. Dynamic simulation of crystal growth by Monte Carlo method—Ⅱ. Ingot microstructures. Acta Metall, 1992, 40 (12): 3369.

[11] von Neumann J. The general and logical theory of automata. Papers of John von Neumann on Computing and Computer Theory, Volume 12 in the Charles Babbage Institute Reprint Series for the History of Computing. MIT Press, 1987.

[12] Wolfram S. Theory and applications of cellular automata. advanced series on complex systems, selected papers. World Sci, 1986 (1): 1983-1986.

[13] Wolfram S. Statistical mechanics of cellular automata. Rev Mod Phys, 1983, 55: 601-622.

[14] Minsky M. Computation: finite and infinite machines. Englewood Cliffs, NJ: Prentice. Hall, 1967.

[15] Raabe D. 计算材料学. 项金中, 吴兴惠, 译. 北京: 化学工业出版社, 2002.

[16] Rappaz M, Gandin Ch A. Probabilistic modelling of microstructure formation in solidification processes. Acta Metall, 1993, 41 (2): 350.

[17] Rappaz M, Charbon Ch, Sasikumar R. About the shape of eutectic grains solidifying in a thermal gradient. Acta Metall, 1994, 42 (7): 2365-2374.

[18] Kim Seong Gyoon, Kim Won Tae, Lee Jee Sang, et al. Large scale simulation of dendritic growth in pure undercooled melt by phase-field model. ISIJ International, 1999, 39 (4): 335.

[19] Ode Machiko, Lee Jae Sang, Suzuki Toshio, et al. Numerical simulation of interface shape around an insoluble particle for Fe-C alloy using a phase-field model. ISIJ International, 1999, 39 (2): 149.

[20] Lee Jae Sang, Suzuki Toshio. Numerical simulation of isothermal dendritic growth by phase-field model. ISIJ International, 1999, 39 (3): 246.

[21] McCarthy J F. Phase diagram effects phase field models of dendritic growth in binary alloys. Acta Mater, 1997, 10 (45): 4077.

第3章

凝固过程枝晶生长的
相场法模拟

3.1 概论

3.1.1 相场法

20 世纪 90 年代，相场法（phase field method）成为模拟金属材料凝固过程微观组织形成和演化的工具[1-4]。相场法是由引入的相场函数 $\phi(r,t)$ 而得其名，其思想是在系统中引入一个状态参数——相场 $\phi(r,t)$，相场是一个序变量，表示系统在空间和时间上的物理状态（对于金属凝固而言，则表示液态或固态），每个相对应一个固定常数，两个值之间是界面区域，相变发生在界面区域内。相场法用连续的场变量描述界面，它提供了处理复杂界面的一种计算方法。系统中的所有函数包括热力学状态函数和相场函数 $\phi(r,t)$ 都是连续变化的，不存在任何的跃变。相场法采用扩散界面模型描述界面，在模拟微观结构演化过程中不需要跟踪界面。作为直接微观组织模拟的研究方法，相场法能够处理复杂几何结构中的边界问题，而且可以应用于移动边界。相场法具有唯象特征，相场方程是基于经典热力学和动力学原理推导出来的，因此相场变量不是一个单独的状态变量，需要和温度、浓度、流场等变量耦合计算，来区分材料的不同状态。

用相场来描述凝固过程中固相和液相之间的扩散界面，其解可描述金属系统中固液界面的形态和界面的移动，避免跟踪复杂的固液界面。可以定义相场变量 $\phi(r,t)$ 一个确定的值表示系统中的相，凝固过程中，一般在固相区域 $\phi(r,t)=1$，液相区域 $\phi(r,t)=0$，在固液界面处 $\phi(r,t)$ 的值以一定的梯度在 0～1 之间连续变化，如图 3.1 所示。固液界面的位置则由相场 $\phi(r,t)$ 的值在 （0,1） 范围内连续变化所覆盖的区域来确定，这样，固液界面具有了一定的厚度。

相场法是建立在统计物理学基础上的，以金兹堡-朗道（Ginzburg-Landau）相变理论为基础，通过微分方程反应扩散、有序化势及热力学驱动力的综合作用[5,6]。相场方程的解可以描述金属系统中固液界面的状态、曲率以及界面的移动。相场法通过相场与温度场、溶质场、流场及其他外部场的耦合，能够有效地将凝固过程中的微观和宏观尺度相结合。凝固过程模拟中，相场 $\phi(r,t)$ 的主要目的是跟踪固液两相的状态，可以粗略地理解为凝固程度的度量。

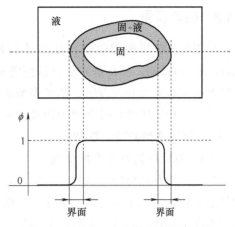

图 3.1　用相场 ϕ 表示的固液界面示意图

金属过冷熔体中晶核的长大是固液之间相互作用的过程，固液之间相互作用最强烈的位置为固液界面。对纯物质而言，其凝固过程发生在一个确定的温度下，液相和固相被一个明确的移动界面隔开。对合金、混合物及非纯物质，其凝固过程发生在一个温度范围内，此时液相和固相被一个移动的两相区域所分隔，移动界面是在固液两相区即糊状区。凝固界面形态作为一种典型的非平衡自组织结构，其形态选择是一个涉及热量、质量和动量传输以及界面动力学和界面张力作用效应耦合过程的自由边界问题。模拟金属凝固传统的方法涉及跟踪自由边界问题，需要求解非常棘手的自由边界问题。例如，纯物质的凝固，必须分别在固相、液相及界面建立能量守恒方程，并分别求解满足边界条件的固相和液相的温度场及其在运动的固液界面上的导数。相场法提供了数值求解复杂凝固问题的一种方便手段。对纯物质而言，其基本思想是将相场和温度一起作为待求函数，在整个区域（包括液相、固相和固液两相共存的界面处）建立一个统一的能量方程，利用数值方法求解相场的分布，然后确定两相界面。它把分区求解的相变问题化成整个区域上的非线性传热问题处理。因此，从计算的角度看，它不需要跟踪界面将液相和固相分开处理，这样在整个求解域中可以采用相同的数值计算方法。相场法避免了跟踪固液界面的位置和形状，克服了原有跟踪界面模拟方法带来的形状误差，提高了计算模拟结果的精度。从本质上讲，相场法是扩散界面模型的结果，它是用温度场和相场的一组非线性扩散方程来代替自由边界问题的经典方程，能够计算复杂的、随时间连续变化的界面结构。

早期的相场法模拟凝固过程是定性的，随着界面宽度定量模型的发展，相场法模拟逐步定量化，并在高性能计算的支持下，为与实验相关的长度尺度和时间尺度的三维模拟开辟了道路。相场法在材料科学中可以用于模拟凝固过程组织结构的演变及固固相变过程。相场法在处理材料组织变化时具有明显的优势，其特点如下：

① 相场法通过场变量可以表征任何一种复杂组织的几何形貌，避免跟踪界面，便于处理与计算。

② 相场方程可以耦合多个场方程，所以利用相场法可以研究温度、浓度、流场等以及外加场如应变场、电场和磁场对组织演化的影响。

③ 相变过程中的形核、生长、粗化等阶段均可以在相同的物理和数学模型下模拟。

④ 相场法是一种相对简单的方法，从二维扩展到三维系统的应用并不增加模型的复杂性，但是模拟计算量增大。

3.1.2 相场模型

用相场法模拟凝固微观组织演化的数学模型称为相场模型，它是相场 ϕ 与宏观场（温度场、溶质场、流场等）耦合按照能量守恒原理建立起来的偏微分方程组，采用数值计算方法求解偏微分方程组。相场模型最大的优点在于它比经典的自由边界模型更适用于数值计算，相场法模拟微观组织的关键是如何抽象物理问题建立相场模型。

3.1.2.1 相场模型的理论基础

（1）厄伦菲斯对相变的分类

相变是指当外界约束（温度或压强）作用连续变化时，在特定的条件（温度或压强达到某定值）下，物相却发生了突变。厄伦菲斯（P. Ehrenfest）首先提出了对相变的分类，其分类标志是热力学势及其导数的连续性，归属一级相变和高级（二级、三级等）相变，各有其热力学参数改变的特征[7,8]。

凡是热力学势本身连续，而第一阶导数不连续的状态突变，称为一级相变。第一阶导数不连续，表明相变伴随着明显的体积变化和潜热的释放或吸收。普通的气液相变、液相的凝固及在外磁场中的超导转变都属于一级相变。热力学势和它的第一阶导数连续变化，而第二阶导数不连续的情形，称为二级相变。这时没有体积变化和潜热，但比热容、压缩比、磁化率等物理量随温度的变化曲线出现跃变。气液临界点、没有外磁场的超导以及大量磁相变属于二级相变。n 级相变就是在相变点系统的热力学势的第 $n-1$ 阶导数保持连续，而其 n 阶导数则是不连续的。

系统发生一级相变时，在相变点热力学函数如自由能 G 和化学势 μ 相等，热力学函数的一阶导数不相等，即

$$G_1 = G_2, \quad \mu_1 = \mu_2$$

$$\left(\frac{\partial G_1}{\partial P}\right)_T \neq \left(\frac{\partial G_2}{\partial P}\right)_T, \quad \left(\frac{\partial G_1}{\partial T}\right)_P \neq \left(\frac{\partial G_2}{\partial T}\right)_P, \quad \left(\frac{\partial \mu_1}{\partial P}\right)_T \neq \left(\frac{\partial \mu_2}{\partial P}\right)_T, \quad \left(\frac{\partial \mu_1}{\partial T}\right)_P \neq \left(\frac{\partial \mu_2}{\partial T}\right)_P \quad (3.1)$$

根据热力学基本方程，有：

$$\left(\frac{\partial G}{\partial T}\right)_P = -S, \quad \left(\frac{\partial G}{\partial P}\right)_T = V \quad (3.2)$$

因此一级相变时，具有体积和熵的突变，即 $S_1 \neq S_2$、$V_1 \neq V_2$，$\Delta V \neq 0$，$\Delta S \neq 0$。相变过程中有相变潜热的吸收或释放。

系统发生二级相变时，在相变点热力学函数如自由能 G 和化学势 μ 相等，热力学函数的一阶导数也相等，但热力学函数的二阶导数不相等，即

$$G_1 = G_2, \quad \mu_1 = \mu_2, \quad S_1 = S_2, \quad V_1 = V_2$$

$$\left(\frac{\partial^2 G_1}{\partial T^2}\right)_P \neq \left(\frac{\partial^2 G_2}{\partial T^2}\right)_P, \quad \left(\frac{\partial^2 G_1}{\partial P^2}\right)_T \neq \left(\frac{\partial^2 G_2}{\partial P^2}\right)_T, \quad \left(\frac{\partial^2 G_1}{\partial T \partial P}\right)_P \neq \left(\frac{\partial^2 G_2}{\partial T \partial P}\right)_T \quad (3.3)$$

$$\left(\frac{\partial^2 G}{\partial T^2}\right)_P = -\left(\frac{\partial S}{\partial T}\right)_P = -\frac{c_P}{T}$$

$$\left(\frac{\partial^2 G}{\partial P^2}\right)_T = \frac{V}{V}\left(\frac{\partial V}{\partial P}\right)_T = -V \cdot \beta$$

$$\left(\frac{\partial^2 G}{\partial T \partial P}\right)_P = \left(\frac{\partial V}{\partial T}\right)_P = \frac{V}{V}\left(\frac{\partial V}{\partial T}\right)_P = V \cdot \alpha$$

式中，$\beta = -\dfrac{1}{V}\left(\dfrac{\partial V}{\partial P}\right)_T$ 为系统的等温压缩系数；$\alpha = -\dfrac{1}{V}\left(\dfrac{\partial V}{\partial T}\right)_P$ 为系统的等压膨胀系数。系统发生二级相变时比热容不相等，膨胀系数和压缩系数不相等，即 $c_{P1} \neq c_{P2}$、$\Delta C_P \neq 0$、$\beta_1 \neq \beta_2$、$\Delta\beta \neq 0$、$\alpha_1 \neq \alpha_2$、$\Delta\alpha \neq 0$，但系统的体积和焓均无突变且无相变潜热、无体积的不连续。

一级和二级相变时，两相的自由能、熵及体积的变化分别如图 3.2 及图 3.3 所示。

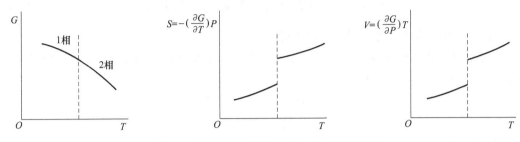

图 3.2　一级相变时两相的自由能、熵及体积的变化

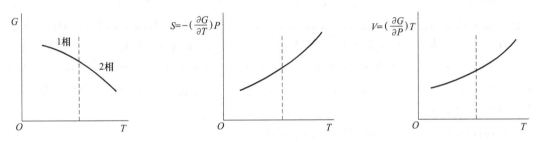

图 3.3　二级相变时两相的自由能、熵及体积的变化

一级相变的形式很多，如物质的三态转变及固态相变中的同素异构转变等都属于一级相变。一级相变具有如下特性：熵和体积的变化是不连续的，在相变点两相共存，并伴随着潜热的释放或吸收和比热容的改变，亚稳相和新相可以同时存在。二级相变与一级相变完全不同，二级相变时两相不会共存，没有潜热的释放或吸收，比热容也不改变。在二级相变中，体积、熵、化学势在相变点是连续的，不存在亚稳相，因而没有两相共存现象，所以可以说二级相变是一种连续相变。在二级相变中发生突变的是比热容、膨胀系数、压缩系数等物理量。

（2）金兹堡-朗道相变理论

朗道理论是将对称破缺引入到相变理论中，并将其与序参量的变化联系起来，这样就可以在相变温度附近对系统的平衡状态进行描述。朗道二级相变唯象理论强调了相变时对称性改变的重要性，并提出了可以用一个反应体系内部状态的热力学变量即序参量来描述相变时对称破缺，描述系统有序化程度的参数称为序参量，是表征相变过程的基本参量。在某个特定的物态中，某一对称元素的存在与否是不能模棱两可的。在原对称相中某一对称元素的突然丧失将对应发生相变，导致低对称相的出现。对称破缺意味着出现有序相，其序参量不为 0。因此，序参量可以是某一物理量的平均值，可以是标量或矢量。序参量反映了系统内部的有序化程度，相变意味着序参量从零向非零的过渡（或其逆过程）。朗道理论方法的基本出发点则在于把体系的自由能作为温度和序参量的函数展开为幂级数。朗道展开式中涉及的参数可以借助于实验测量或者第一原理计算的方式得到。因此，朗道理论是一个沟通微观模型与宏观物理现象之间的桥梁。

朗道理论包含两个方面的基本内容：

一是热力学势 $f(\phi, T)$（自由能密度）在相变点 T_C 附近是序参量 ϕ 的解析函数，只取展开式的偶次项的前三项，则

$$f(\phi, T) = f_0(T) + \frac{1}{2}b(T)\phi^2 + \frac{1}{4}d(T)\phi^4 \tag{3.4}$$

$f_0(T)$ 为序参量 ϕ 为 0 时体系自由能密度。

二是展开式中系数 $b(T)$ 和 $d(T)$ 是温度的函数，$b(T)$ 在相变点 T_C 处正负号发生改变，且 $d(T)$ 是正的。表达式为

$$b(T) = B(T - T_C) \qquad B > 0$$
$$d(T) \approx d > 0 \tag{3.5}$$

当 $T > T_C$ 时，$b(T) > 0$；当 $T = T_C$ 时，$b(T) = 0$；当 $T < T_C$ 时，$b(T) < 0$。

一级相变与二级相变的一个重要不同之处在于：前者存在新相与母相的界面，而后者没有。为了处理相界面，朗道理论发展成为金兹堡-朗道理论，其基本思想是当序参量在空间有变化时，体系的自由能不仅与序参量的大小有关，也与它的梯度有关，因此涉及界面的相变问题需要采用金兹堡-朗道理论，即自由能函数中引入一个微分导数项，与界面能相联系。金兹堡-朗道理论应用于一级相变，建立以自由能密度作为相变量的函数的方程，可描述相变过程。

对各向同性的系统金兹堡-朗道自由能密度表示为：

$$f(\phi, \Delta\phi, T) = f_h(\phi, T) + \alpha(\nabla\phi)^2 \tag{3.6}$$

式中，$\alpha > 0$，f_h 表示朗道理论中的自由能密度。

3.1.2.2 界面模型

相场法源于移动边界问题，两相界面的移动问题也称为斯蒂芬（Stefan）问题，Stefan 问题是一种常见的自由边界问题，它是在研究固体熔化或者液体结晶过程中出现的自由边界问题，这一数学问题模拟了许多扩散现象。凝固枝晶生长过程中的两相界面移动问题属于 Stefan 问题，其特点在于求解域中存在一个位置随时间变化的固-液界面。据对于界面的处理方法，一般可以分为两大类[9,10]，一类是明锐界面（sharp interface）模型，另一类是扩散界面（diffusive interface）模型，如图 3.4 所示。明锐界面模型是将界面处理为无穷小厚度的几何曲面（三维）或几何曲线（二维），在固液相交界处固相率（或液相率）发生锐变，如图 3.4（a）所示，凝固过程的传热、传质现象都是通过这个无厚度的界面进行的。在明锐界面模型中固相率分布为典型分段函数，固相率在界面处发生跳跃式突变。通常情况下，液相区域固相率为 0，在固相区域固相率为 1。伴随着固相率的变化，界面两侧的温度和材料的热物性参数等的变化表现为不连续。因此，通常采用前沿跟踪的方法处理此类界面问题。伴随着界面向液相中的推进，要求计算区域的分布情况随之变化。用此方法对凝固相变问题求解时，必须对固、液两相分别列出热传导方程，提出边

界条件和界面条件，而且界面的位置也是待求解的一部分。扩散界面模型是与明锐界面模型相对的一种用于计算运动界面问题的方法。在扩散界面模型中，固液界面是具有一定厚度的区域，各种传输现象是通过该界面区域完成的，如图 3.4（b）所示。根据金兹堡-朗道理论，将液相看成是有序度较低、对称性较高的相，固相为有序度较高、对称性较低的相，那么扩散界面方法中的扩散界面就是介乎有序和无序之间的中间状态。这样对于凝固枝晶生长体系，可以将其分为三个区域即液相区域、固相区域和固液界面区，同时定义一个序参量来描述这样的体系。

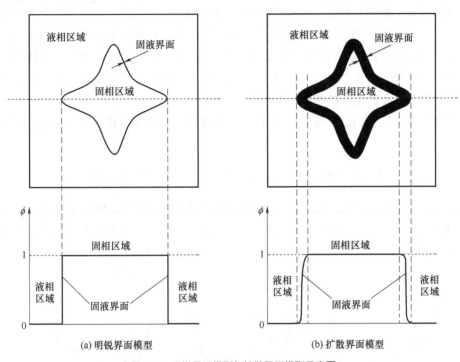

图 3.4　明锐界面模型与扩散界面模型示意图

　　相场模型属于扩散界面模型，在相场模型中，相场变量为序参量，通过相场变量对凝固系统进行划分。相比于明锐界面模型，扩散界面模型中在固液界面处固相率连续变化，同样液相区域固相率为 0，固相区域固相率为 1。在扩散界面模型中固相率与相场变量 ϕ 相对应，计算时只需计算相场变量 ϕ 值的变化，因此，避免了跟踪计算界面的问题，提高了计算模拟效率。同时，扩散界面模型更接近物理实质和实际情况，在处理相变问题中应用广泛。

3.1.2.3　相场模型的建立

　　金属凝固的相场模型是建立在热力学基本概念之上，相场模型所有参数与物理特性有明确的相关性，例如，迁移率项 M_ϕ 和 M_c 分别与界面动力学系数和溶质扩散系数相关联。相场模型的控制方程可以根据金兹堡-朗道理论根据体系的自由能 F 或者熵 S 推导得出，要满足：①能量和熵的平衡；②热力学驱动力与外部场（如温度场、浓度场、流场、应力场等）的场通量之间呈线性关系；③局部熵变非负。

　　相场法主要是描述晶粒的生长过程，虽然也有学者基于平均场的描述用相场法研究形核过程，但在相场法模拟凝固微观组织初期，一般采用人为设定形核位置与晶体择优生长方向。对于形核过程可采用瞬时形核或连续形核来描述。

相场模型广泛应用于界面动力学研究的不同领域，如凝固、固态相变、流体力学等，其共同特征就是界面动力学与一个或者多个传输场耦合来描述复杂界面形貌的形成。相场模型的推导依据包括：①自由能减小原理；②严格热力学一致的熵增大原理。根据以上两个原理，耦合材料凝固过程的微观动力学方程，可以推导相场及相关物理场的控制方程，得到各参数随时间的演化关系，定量描述微观组织形成及相关物理量的演化过程。

通常情况下，根据相场模型建立的原理有两种方法[11,12]：一是基于自由能泛函的相场模型，另一种是基于熵泛函的相场模型。两种方法都是将某个封闭系统的自由能或熵根据金兹堡-朗道自由能形式表示为序参量或其他场变量的函数。这两种方法在计算结果上并无定量上的区别，但是相对于熵泛函法，自由能泛函法在计算效率上有明显的优势。

（1）基于自由能泛函的相场模型

根据金兹堡-朗道自由能理论，对于一个体积为 V 的封闭体系，自由能 F 的表达式为：

$$F = \int_V \left[f(\phi, c, e) + \frac{1}{2}\varepsilon^2 (\nabla\phi)^2 + \frac{1}{2}\delta^2 (\nabla c)^2 \right] \mathrm{d}V \tag{3.7}$$

式中，c 为合金成分；e 为内能；ε 和 δ 分别为相场和溶质场梯度项系数；f 为金兹堡-朗道型自由能密度，是双阱势函数，当 $\phi=0$ 和 $\phi=1$ 时 f 具有局部最小值，如图 3.5 所示；T_M 为金属的熔点。

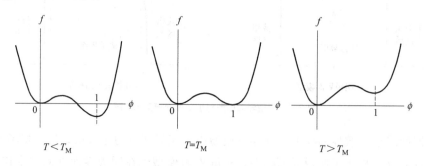

图 3.5　自由能密度函数 f 与相场 ϕ 之间关系示意图

根据热力学第二定律，体系随时间演化时其能量守恒，且体系的自由能趋于减少，即 $\mathrm{d}F \leqslant 0$，$\mathrm{d}F$ 为该体系演化过程中自由能的变化。

根据最小能量原理，要满足 $\mathrm{d}F \leqslant 0$ 相场变量 ϕ 的演化过程，必须建立其与时间相关的金兹堡-朗道形式，其数学表达式为：

$$\frac{\partial \phi}{\partial t} = -M_\phi \frac{\delta F}{\delta \phi} \tag{3.8}$$

$$\frac{\partial c}{\partial t} = \nabla \left(M_c \nabla \frac{\delta F}{\delta c} \right) \tag{3.9}$$

$$\frac{\partial e}{\partial t} = \nabla \left(M_u \nabla \frac{\delta F}{\delta e} \right) \tag{3.10}$$

式中，M_ϕ 是与界面动力学有关的相场参数；M_c 是与溶质扩散有关的相场参数；M_u

是与热扩散有关的相场参数。

$$\frac{\partial F}{\partial \phi} \equiv -\frac{\mathrm{d}}{\mathrm{d}x} \times \frac{\partial F_V}{\partial \phi_x} + \frac{\partial F_V}{\partial \phi_x} \tag{3.11}$$

已知 $F_V = f(\phi,c,e) + \frac{1}{2}\varepsilon^2(\nabla \phi)^2 + \frac{1}{2}\delta^2(\nabla c)^2$，由此可得：

$$\frac{\delta F}{\delta \phi} = -\varepsilon^2 \nabla^2 \phi + \frac{\partial f(\phi,c,e)}{\partial \phi} \tag{3.12}$$

则相场控制方程为：

$$\frac{\delta \phi}{\delta t} = -M_\phi\left[-\varepsilon^2 \nabla^2 \phi + \frac{\partial f(\phi,c,e)}{\partial \phi}\right] \tag{3.13}$$

（2）基于熵泛函的相场模型

对于一个体积为 V 的封闭体系，熵 S 的表达式为：

$$S = \int_V \left[s(\phi,c,e) + \frac{1}{2}\varepsilon^2(\nabla \phi)^2 + \frac{1}{2}\delta^2(\nabla c)^2\right]\mathrm{d}V \tag{3.14}$$

式中，s 为熵密度。根据热力学第二定律，体系随时间演化时其能量守恒，体系的熵产生 $\mathrm{d}_i S$ 非负，即

$$\mathrm{d}_i S = \mathrm{d}S - \mathrm{d}_e S \geqslant 0 \tag{3.15}$$

式中，$\mathrm{d}S$ 为该体系演化过程中熵的变化；$\mathrm{d}_e S$ 为熵流项，即由体系中物质和能量的流进或流出所引起的熵的变化。

$$\frac{\partial \phi}{\partial t} = M'_\phi \frac{\delta S}{\delta \phi} \tag{3.16}$$

$$\frac{\partial c}{\partial t} = -\nabla\left(M'_c \nabla \frac{\delta S}{\delta c}\right) \tag{3.17}$$

$$\frac{\partial e}{\partial t} = -\left(\nabla M'_e \nabla \frac{\delta S}{\delta e}\right) \tag{3.18}$$

式中，M'_ϕ 是与界面动力学有关的相场参数；M'_c 是与溶质扩散有关的相场参数；M'_e 是与热扩散有关的相场参数。与 $\frac{\delta F}{\delta \phi}$ 的推导过程类似，$\frac{\delta S}{\delta \phi}$ 也可简化为：

$$\frac{\delta S}{\delta \phi} = \varepsilon^2 \nabla^2 \phi + \frac{\partial s(\phi,c,e)}{\partial \phi} \tag{3.19}$$

则相场控制方程为：

$$\frac{\delta \phi}{\delta t} = -M'_\phi\left[\varepsilon^2 \nabla^2 \phi + \frac{\partial s(\phi,c,e)}{\partial \phi}\right] \tag{3.20}$$

在相场法的模拟计算中，相场控制方程是由一组偏微分方程构成，当模型确定后则是偏微分方程的求解。

3.1.3 凝固特征值的计算

（1）枝晶尖端生长速度

由相场法的定义可知，$\phi(x,y,t) = 0.5 \in [0,1]$ 表示固液界面，枝晶尖端 $\phi(x,y,t) =$

0.5 相邻点的推进速度即为尖端的长大速度。界面的法向速率即枝晶尖端长大速度为：

$$v_t = \frac{\partial \phi / \partial t}{|\nabla \phi|} \tag{3.21}$$

利用插值法确定枝晶尖端坐标（x_{tip}，y_{tip}），然后在该位置根据上式可求枝晶尖端速度。

（2）凝固过程中溶质的偏析比

固溶体合金多按枝晶方式生长，分枝与分枝间的成分是不均匀的，称为枝晶偏析。枝晶干心部与枝晶间成分上的差异，可以用偏析比 S_R 表示微观偏析的大小，即

$$S_R = \frac{枝晶中的最高溶质浓度}{枝晶中的最低溶质浓度} = \frac{c_{max}}{c_{min}} \tag{3.22}$$

（3）固相分数

相场模拟中采用相场变量 $\phi = 1$ 表示固相，$\phi = 0$ 表示液相。在二维计算中，固相分数的定义为固相占整个区域的面积百分比。应用这一定义可以采用下面方法获得：在整个区域内取 $\phi(x, y, t) > 0.999$（即固相）的值对应的网格数量，将每一时刻求得的固相的网格数量与整个计算区域中所有网格数量相除，即可求得固相分数。用公式表示为：

$$f_S = \frac{N_x}{m \times n} \tag{3.23}$$

式中，f_S 为固相分数；N_x 为固相点的网格数量；$m \times n$ 为整个模拟区域的所有网格数。

3.1.4　相场法模拟凝固微观组织

在材料科学与工程中，材料的微观组织是材料成分、制备加工工艺与性能之间重要的连接点。几乎所有的金属在制备过程中都要经历一次或多次的凝固过程，枝晶是一种常见的金属凝固微观组织，枝晶的形貌决定材料的最终性能，如裂纹、抗腐蚀性、韧性和屈服强度等。尽管初始枝晶微观结构的影响可以通过后续的热处理来改善，但是材料的最终性能依赖于初始枝晶的微观结构。所以，掌握和控制凝固过程枝晶生长是获得理想产品的关键。另外，枝晶生长也是形态学中的一个重要问题。所以如何建立有效的数学模型描述凝固过程中枝晶的形貌也是诸多研究者和学者共同关心的课题。用相场方法模拟凝固过程的枝晶演化，刻画枝晶的精细结构，为研究晶粒内枝晶的形态、特征尺寸、疏松、夹杂及显微偏析的分布奠定基础。通过凝固过程枝晶生长的显微模拟，达到控制凝固微观组织。

相场法模拟凝固微观组织从纯物质发展到二元合金以至多元合金，从自由枝晶到定向凝固，从单相合金到共晶、包晶的多相合金，其数学模型越来越接近真实凝固过程。相场法在凝固过程组织模拟中的应用包括以下几个方面：①枝晶生长过程中相场与温度场或溶质场的耦合；②多个晶粒生长时多元相场的耦合；③在包晶和共晶凝固中双相场与溶质场的耦合；④当存在强迫对流时相场与速度场的耦合。

相场法能使研究者直接模拟微观组织的形成，把相场方程与宏观场（温度场、溶质场、速度场、应力场等）耦合，则可以模拟枝晶的真实形貌，包括一次臂、二次臂等，研究扰动、各向异性、曲率效应对枝晶生长的影响。自 20 世纪 90 年代以来，相场方法在凝

固微观组织模拟研究中得到了广泛应用，模拟对象从纯物质到多元合金，从单相到多相，从简单条件到耦合多种外加影响因素的凝固过程；模拟区域逐渐由小到大，由二维拓展到三维；模拟结果由定性分析到定量预测[13-17]。

凝固过程的相场模拟开始主要是针对单相合金单个枝晶开展的。1993 年，Kobayashi[18] 首先采用相场法模拟了没有考虑各向异性和考虑各向异性的界面能对枝晶形貌的影响，利用相场模型得到了纯镍过冷熔体中凝固的二维枝晶，再现了过冷溶液中树枝状晶体的生长过程，定性地说明了微观组织形成的一些特征。随后他们又将二维扩展到三维，得到了与真实凝固组织相似的模拟结果。尽管当时的工作仍处于定性的模拟阶段，但相场法作为一种模拟复杂凝固组织的方法已表现出极大的潜力并引起了材料科学界的兴趣。同一时期，Wheeler 等[19,20] 利用相场模型对枝晶形貌进行了类似的研究，验证了 Kobayashi 等的模拟结果并对相场模型做了相应的修正，作为模拟复杂凝固组织的相场模型，引起了国内外学者们的关注。

早期的相场模型仅适用于大过冷度（或过饱和度）情形，这种情况下界面前沿液相中的扩散边界层厚度非常小。因此，需要使用比微观结构尺度小得多的纳米尺度的界面层，导致了相场模拟利用明锐界面渐进分析方法来近似处理界面问题，只有界面厚度和空间步长取较大值时相场模型才收敛，这就极大地限制了实际计算能力。1996 年，Karma 与 Rapple 等[21,22] 对相场模型进行了薄界面厚度限制（thin interface limit）条件下的渐近分析，得出了在一定界面厚度下有效的 Gibbs-Thomson 关系，从而提出了界面厚度可大于毛细长度的思想，建立了可模拟大过冷度范围的新相场模型，用该模型可缩短计算时间。基于新相场模型，Karma 对低过冷度下界面动力学系数为零的纯金属自由枝晶的生长进行了二维和三维定量数值模拟，枝晶尖端速度和尖端半径的计算结果与稳态枝晶生长的数值解一致。Wheeler 进一步完善了 Kobayashi 模型，对纯物质的树枝状晶体生长进行了定量模拟，模拟结果与树枝状晶体尖端生长的 Ivanstov 理论和微观可解理论的预测结果相符。

相场法用于合金的枝晶模拟也相继展开，Wheeler、Boettinger 以及 Mcfadden[23,24] 在考虑凝固过程中系统自由能变化的同时引入溶质场，提出了二元合金系等温近似条件下合金凝固的相场模型——WBM 模型，利用该模型研究了凝固过程中固液界面的迁移，并进行了界面厚度趋于零的渐近分析。在模型中考虑了树枝状晶体间糊状区溶质的扩散、树枝状晶体组织的粗化、固液界面曲率的影响。之后在此模型的基础上不断改进，发展了一系列的 WBM 模型，如等温的 WBM 模型、熵函数构造的 WBM 模型。WBM 模型是以明锐界面渐近分析为基础，无法有效模拟实际凝固中随着界面移动速率增大出现的溶质截留现象。Wheeler 等为了解决这一问题在模型中增加了浓度场的梯度项，但梯度项的引入并非出现溶质截留现象的必要条件，根本问题是在于明锐界面渐近分析。Ahmad 等[25] 与 Conti[26] 在 WBM 模型的基础上对快速凝固条件下的溶质截留现象进行了模拟。1995 年 Warren 等[27] 对 WBM 模型进行了适当修正，模拟了二元合金 Ni-Cu 合金理想溶液系统下的等温凝固过程，对枝晶臂的粗化和溶质偏析现象进行了描述。1999 年 S. G. Kim、W. T. Kim 和 T. Suzuki[28] 将薄界面渐近分析的方法成功引入合金的相场模型中，这就是 KKS 相场模型。该模型自由能构造形式与 WBM 模型相同，同样把界面处理成固相和液相的混合区域，认为在任意界面位置固相和液相的化学势相等，而固相和液相的浓度并不相等。由于 KKS 模型能够把合金的实际热力学自由能耦合到相场模型，使得热力学数据和动力学数据很好地结合，该模型得到了广泛应用。但 KKS 模型对界面的处理更加细致，使得数值处理更加复杂，需要在每个时间步长内对全部界面处的点进行迭代计算，导致计算量庞大。另外，KKS 模型并非真正意义上的定量，Almgren[29] 指出采用 Karma 在纯物质相场模型提出的薄界面近似处理方法不合理，因为在实际合金中固液两相的溶质扩散系数相差很大，达到几个数量级，简单的处理会不可避免地造成三种失真效应：由界面厚度引起的非真实界面扩散、失真的界面化学势跳跃和界面弯曲效应。由于界面两侧各相扩散性质的差异，这三种效应总是不能同时消失，并且还会使得界面处存在虚假溶质截留效应。为了解决这一问题，2001 年 Karma[30] 提出在扩散方程中加入一项溶质反截留项来抵消这三种失真效应，被广泛应用于二元合金的凝固模拟中，对二元合金的相场模拟进入完全定量阶段。Ramirez 等[31] 利用含有反溶质截留项的相场模型对二元稀释溶液体系在非等温凝固过程中的单个枝晶进行了定量模拟。2007 年 Kim[32] 在原来 KKS 模型的基础上，将含有溶质反截留项的相场模型与合金热力学数据耦合，实现了对多元单相合金的模拟，该模型同样忽略了溶质在固相中的扩散。2009 年 Ohno 等[33] 对相场模型进行了修正，将固相扩散下的溶质反截留项和相场插值函数引入相场模型，利用薄界面近似的渐近分析，得到了含有固相扩散的定量相场模型，该模型也仅仅限于对单相二元合金稀释溶液的模拟。继合金自由枝晶的模拟之后，Karma 将相场法应用到二元合金的定向凝固组织的模拟，研究了表面自由能的各向异性对枝晶生长的影响，模拟结果与实验相吻合。Beekermann 等[34] 在 Karma 和 Kappel 对树枝状晶体生长进行了二维、三维的定量模拟，分析了网格及扩散边界层厚度对模拟结果的影响。Tönhardt 等[35] 将纯金属凝固时熔体的对流简化为剪切流，建立了相应的相场模型，模拟了剪切流下枝晶的演化，研究了对流对枝晶生长形态的影响。

Nestler 等[36,37] 提出了一种新的多相场模型，考虑了表面能和界面动力学特性及各向异性，可以用来模拟合金中的相变及组织。随着多相场模型的提出，相场模拟开始应用于包晶和共晶合金的相变。Emmerich[38] 在相场模型中引入了对流，研究了流动对包晶组织的影响。Nestler 等[39] 利用多相场模型模拟了二元共晶组织，对具有对称相图的二元合金层片状共晶组织的生长过程和具有非对称相图的共晶系统进行了模拟。

随着相场模型和计算技术的发展，越来越多的研究者致力于多相多晶合金的凝固组织模拟。在多晶相场模型中，难点在于如何处理多晶取向，主要存在三种方法：第一种方法是由 Kobayashi 等提出的耦合取向场法，主要描述固相晶粒的不同取向，其基本思想是引入一个取向场变量来描述多晶的取向，并在自由能函数中引入与晶粒间取向角度差异相关的取向能，以实现对多晶演化的跟踪和模拟。Gránásy 等[40] 将取向场从固相晶粒引入到凝固相变模型中，将取向场与二元合金凝固的相场模型相结合，建立了耦合取向场的相场模型，假设在液相中取向场随机分布，当凝固发生时取向场也跟着发生变化，在不同晶粒内转变成不同的取向值，实现了多晶和多个共晶团簇生长的复杂形貌的模拟，再现了枝晶生长及演化。该方法的优点是简单方便、运算效率高，缺点是在处理多晶凝固时，仅考虑了不同晶粒的取向，忽略了枝晶间的相互作用和影响，尤其是枝晶生长时的溶质相互作用。Chen 等[41] 利用耦合取向场的纯物质相场模型，对纯硅在定向凝固中两个不同取向晶粒的竞争生长过程进行了模拟。第二种方法是通过引入多个序参量来描述多晶的不同取向，同时这些序参量还可以代表不同的相，可以用来描述多相合金的多晶凝固转变过程，这种方法称为多相场法。该方法最早是由 Steinbach 等提出的，主要是描述合金凝固过程中不同相的演变，将二元相边界理论扩展到多相问题，每个相用一个单独的相场变量来识别，相与相之间的转变用各自的特征来描述，根据多相系统最小自由能原理展开相场方程，把多相场方程与温度场、浓度场进行耦合，可以模拟实际多相合金的微观组织的形成。该方法应用广泛，可用于描述凝固过程、固态相变、晶粒粗化以及再结晶，同时可以与 CalPhaD 相图计算方法相耦合，对多元多相合金体系的组织演变进行模拟。但是，该方法的数学推导及其求解非常烦琐复杂，在求解多组元中界面处各相成分时需要很大的计算量。Böttger 等[42] 利用多相场模型对镁合金和铝合金进行了模拟，得到了与实际合金组织形貌相近的结果，并开发了多相场模拟软件 MICRESS。Kim 通过多相场模型对 Ostwald 多晶熟化现象进行了模拟，分析了不同体积分数下多晶的形貌特征。2010 年，Minamoto 等[43] 在 MICRESS 基础上，将其与 CalPhaD 热力学数据库结合，对镁合金凝固组织进行了模拟。第三种方法是由 Chen 等提出的连续相场法，该方法与多相场法类似，引入多个序参量来描述多晶材料中不同晶粒在空间上的取向，不同之处是连续相场法通过构造多个等深势阱的自由能函数来限制每个相场变量连续变化。任意时刻，在某一晶粒内部只有一个取向场变量为 1，其他取向场变量为 0，相邻两晶粒的晶界位置上取向场变量在 1 到 0 之间连续变化。在模拟过程中，取向场的个数是有限的、确定的。连续相场模型最早用于模拟理想状态下多晶生长及粗化，之后应用到界面能各向异性、晶界迁移、第二相颗粒钉扎等。由于该方法在构造自由能函数时需要满足多个等深的势阱，并且形式复杂，主要应用于多晶系统的晶粒长大。

国内利用相场法模拟凝固微观组织虽起步较晚，但发展很快。中国科学院金属研究所、东北大学、沈阳铸造研究所、清华大学、哈尔滨工业大学、上海交通大学、兰州理工大学、西北工业大学、华中科技大学、中国科学技术大学、北京科技大学、中南大学、山东大学、沈阳理工大学等高校和研究所开展了相关工作[44-61]。作者在硕士期间采用相场法模拟了纯金属镍的枝晶生长，做了一点初步工作。于艳梅等利用相场法模拟了纯物质过冷熔体枝晶生长过程中界面厚度、各向异性、热扩散系数、界面动力学和界面能等相场参数对枝晶生长的影响。张光跃等用相场法模拟了铝合金的枝晶生长形貌，并得出了很好的模拟结果。赵代平等改进计算方法，在不改变相场模型的条件下，利用界面动态捕获方法优化了相场模型网格剖分和求解，实现了纯物质三维枝晶生长模拟，提高了计算效率。龙文元等利用相场模型与溶质场、温度场耦合对单相二元合金及多元合金等温凝固和非等温凝固过程中的枝晶生长进行了模拟，实现了多晶生长。李新中等在纯物质相场模型中采用计算效率较高的临界面点相场大梯度计算域控制法模拟了纯金属过冷熔体等轴晶生长。朱昌盛等在相场模型中耦合了流场，张瑞杰等在相场模型应用上考虑了溶质反扩散项的同时将相场模型拓展到多元合金，并与 CALPHAD 热力学数据库耦合，对多元 Al-Cu-Mg 合金的凝固组织进行了模拟。郭景杰等利用定向凝固相场模型对 Ti-Al 合金的组织演化进行了模拟。朱昌盛等模拟了二元 Ni-Cu 合金枝晶生长中的微观偏析现象，并将模型扩散到三元合金。李俊杰等在 KKS 相场模型的基础上将取向场考虑到相场模型中，建立了耦合取向场、相场、浓度场、温度场的多晶相场模型，采用随机形核方法，将随机形核引入相场模型，模拟了 Ni-Cu 二元合金等轴晶生长，并对等轴晶向柱状晶转变以及柱状晶枝晶的竞争生长进行了分析。邢辉等利用 Karma 定向凝固相场模型对具有倾斜角度的柱状晶生长演化进行了研究。王永彪等基于 Karma 相场模型，构造了多晶相场模型对 Mg-6Gd 合金等温和非等温凝固下单晶和多晶生长定量进行了模拟，利用同步辐射成像技术对 Mg-6Gd 合金的凝固过程进行了实时和动态原位观测，定量对比验证了相场模拟结果。

随着并行计算先进数值技术和超级计算机的发展，大尺度定量相场模拟相继展开，李殿中、陈云、巩桐兆等[62,63]采用相场模型实现了合金多晶凝固大尺度定量计算，模拟了纯扩散驱动和强制流动作用下合金等轴晶生长，定量分析了二维和三维相场模拟结果的差异，三维定量相场模拟发现了合金等轴晶在凝固初期存在一个形核控制生长阶段。结合凝固实验同步辐射 X 射线原位实时观测，研究了合金凝固过程晶粒细化、冷速和固相中溶质扩散对微观的影响。根据原位观察实验中各个晶粒的形核过冷度，实现了与实验样品尺寸相近的合金多晶大尺度定量相场模拟。

3.2 纯物质过冷熔体枝晶生长的相场法模拟

3.2.1 纯物质枝晶生长的相场模型

（1）相场控制方程

纯物质枝晶生长的相场模型最基础的是由两个方程耦合而成，一个是关于相场函数 $\phi(x,y,t)$ 在系统中的演化方程，另一个是关于热力学状态函数温度 $T(x,y,t)$ 在系统内的演化方程。考虑体积为 V 的一个封闭系统，在这个系统中纯物质经历固液之间的一级相变过程。作如下假设：①固相和液相的密度为常数且相等；②液相中无对流；③局部近似热力学平衡，则系统的热力学状态可用温度、内能、熵等一系列热力学状态函数表示[17-20]。

V 中任意一个体积元 v 的内能用下式积分表示：

$$U = \int_v e \, dv \tag{3.24}$$

式中，e 为内能密度；U 为内能。

根据热力学第一定律，体积元 v 的内能变化率满足连续方程：

$$\dot{U} + \int_A qn \, dA = 0 \tag{3.25}$$

这里物理量上部加的 · 表示该量对时间的微商 $\dfrac{\mathrm{d}}{\mathrm{d}t}$；$A$ 为体积元 v 的表面；n 为体积元 v 的表面 A 单位外法向向量；q 为通过面积 A 的热流密度。根据 Gauss 定律，将方程（3.25）的面积积分化为体积积分，整理后得：

$$\dot{e} + \nabla q = 0 \tag{3.26}$$

式（3.26）为能量守恒定律的表达式。

相场模型的第二个方程由局部熵增加原理得出。体积元 v 的熵泛函可以通过下式求得：

$$S = \int_v \left[s(e,\phi) - \frac{1}{2}\varepsilon^2 (\nabla\phi)^2 \right] \mathrm{d}v \tag{3.27}$$

式中，$s(e,\phi)$ 为熵密度；ε 是与界面区域厚度相关的计算常数；式（3.27）中被积函数的第二项为梯度熵，该项与 Landau-Ginzburg 自由能中的梯度能项类似。

将式（3.27）两端对时间求导，整理后得：

$$\dot{S} = \int_v \left\{ \left(\frac{\partial s}{\partial e}\right)_\phi \dot{e} + \left[\left(\frac{\partial s}{\partial \phi}\right)_e + \varepsilon^2 \nabla^2\phi \right]\dot{\phi} - \varepsilon^2 \nabla(\dot{\phi}\nabla\phi) \right\} \mathrm{d}v \tag{3.28a}$$

根据式（3.27）和 Gauss 定律的分步积分法，整理式（3.28a），则有：

$$\dot{S} = \int_v \left\{ q\nabla\left(\frac{\partial s}{\partial e}\right)_\phi + \left[\left(\frac{\partial s}{\partial \phi}\right)_e + \varepsilon^2 \nabla^2\phi \right]\dot{\phi} \right\} \mathrm{d}v - \int_A \left[\left(\frac{\partial s}{\partial e}\right)_\phi q + \varepsilon^2 \dot{\phi}\nabla\phi \right] \cdot n \mathrm{d}A \tag{3.28b}$$

根据热力学第二定律，任一体积元 v 中产生的熵恒为正值，即熵增加原理。则有下式：

$$\dot{S} + \int_A \left(\frac{q}{T}n + \varepsilon^2 \dot{\phi}\nabla\phi n\right) \mathrm{d}A \geqslant 0 \tag{3.29}$$

式中，T 为热力学温度；$\frac{q}{T}$ 为体积元 v 表面的热流所引起的熵流密度，是系统内热传导引起熵的产生；$\varepsilon^2 \dot{\phi}\nabla\phi$ 为熵流，由于系统中相场的变化引起内部熵的产生。

根据

$$\mathrm{d}e = T\mathrm{d}s + \left(\frac{\partial e}{\partial \phi}\right)_s \mathrm{d}\phi \tag{3.30}$$

则有

$$\left(\frac{\partial s}{\partial e}\right)_\phi = \frac{1}{T} \tag{3.31}$$

把式（3.28b）、式（3.31）代入式（3.29）中，得：

$$\int_v \left\{ q\nabla\left(\frac{1}{T}\right) + \left[\left(\frac{\partial s}{\partial \phi}\right)_e + \varepsilon^2 \nabla^2\phi \right]\dot{\phi} \right\} \mathrm{d}v \geqslant 0 \tag{3.32}$$

根据经典线性不可逆热力学原理，局域熵产生率恒为正。取：

$$q = M_T \nabla\left(\frac{1}{T}\right) \tag{3.33}$$

$$\tau\dot{\phi} = \left(\frac{\partial s}{\partial \phi}\right)_e + \varepsilon^2 \nabla^2\phi \tag{3.34}$$

式中，常数 $M_T > 0$；常数 $\tau > 0$。

把式（3.33）代入式（3.26）则有：

$$\dot{e} = -\nabla\left[M_T \nabla\left(\frac{1}{T}\right)\right] \tag{3.35}$$

整理式（3.34）得相场方程：

$$\tau\dot{\phi}=-\frac{1}{T}\left(\frac{\partial e}{\partial \phi}\right)_s+\varepsilon^2\,\nabla^2\phi \tag{3.36}$$

为了求解式（3.36）的偏导数，根据 Helmholtz 自由能密度关系式：

$$f=e-Ts \tag{3.37}$$

对式（3.37）求导，并与式（3.30）联立，得到关系式：

$$\left(\frac{\partial e}{\partial \phi}\right)_s=\left(\frac{\partial f}{\partial \phi}\right)_T \tag{3.38}$$

$$\left(\frac{\partial [f/T]}{\partial T}\right)_\phi=-\frac{e}{T^2} \tag{3.39}$$

式（3.39）中 ϕ 为常数时积分，得：

$$f(T,\phi)=T\left[-\int_{T_M}^{T}\frac{e(\zeta,\phi)}{\zeta^2}\mathrm{d}\zeta+G(\phi)\right] \tag{3.40}$$

式中，$G(\phi)$ 是 ϕ 的待定函数。

假设系统中初始内能密度的表达式为：

$$e=e_S(T)+p(\phi)L(T)=e_L(T)+[p(\phi)-1]L(T) \tag{3.41}$$

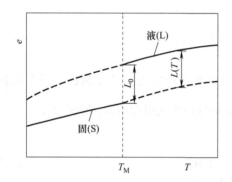

图 3.6 内能 $e_L(T)$ 和 $e_S(T)$ 随温度变化示意图

式中，$e_S(T)$ 为固相的内能密度；$e_L(T)$ 为液相的内能密度；则固液相内能密度差为 $L(T)=e_L(T)-e_S(T)$。

$p(\phi)$ 是另一个待定的函数，满足 $p(0)=0$，$p(1)=1$；且 $L_0=L(T_M)$ 是熔化潜热。由于总有 $L(T)>0$ 成立，则单位体积固相和液相的内能随温度的变化而变化，如图 3.6 所示，图中实线对应系统中的稳定相，虚线对应系统中的亚稳相即过冷液相或过热固相。

式（3.41）代入式（3.40）中，有

$$f(T,\phi)=T\left\{-\int_{T_M}^{T}\frac{e_L(\zeta)}{\zeta^2}\mathrm{d}\zeta-[p(\phi)-1]Q(T)+G(\phi)\right\} \tag{3.42}$$

其中

$$Q(T)=\int_{T_M}^{T}\frac{L(\zeta)}{\zeta^2}\mathrm{d}\zeta \tag{3.43}$$

$Q(T)$ 随着自变量 T 单调增加，且有 $Q(T_M)=0$。根据式（3.38）和式（3.42）得：

$$\left(\frac{\partial e}{\partial \phi}\right)_s=-TQ(T)p'(\phi)+TG'(\phi) \tag{3.44}$$

则控制方程（3.35）和相场方程（3.36）化为：

$$\dot{e}_L(T)+\dot{p}(\phi)L(T)+[p(\phi)-1]\dot{L}(T)=-\nabla\left[M_T\,\nabla\left(\frac{1}{T}\right)\right] \tag{3.45}$$

$$\tau\dot{\phi}=Q(T)p'(\phi)-G'(\phi)+\varepsilon^2\nabla^2\phi \tag{3.46}$$

对所有温度下自由能密度 f 在 $\phi=1$ 和 $\phi=0$ 处具有局部最小值，并且 f 在熔点处连续。则有下列等式成立：

$$f(T_M,0)=f(T_M,1) \tag{3.47}$$

$$\left.\frac{\partial f}{\partial\phi}\right|_{\phi=0,1}=0 \tag{3.48}$$

$$\left.\frac{\partial^2 f}{\partial\phi^2}\right|_{\phi=0,1}>0 \tag{3.49}$$

要满足等式（3.47）、式（3.48）和式（3.49），则要求下式成立：

$$G(0)=G(1) \tag{3.50}$$

$$[G'(\phi)-p'(\phi)Q(T)]|_{\phi=0,1}=0 \tag{3.51}$$

$$[G''(\phi)-p''(\phi)Q(T)]|_{\phi=0,1}>0 \tag{3.52}$$

相应地，取 $G(\phi)$ 为双阱势函数形式，在 $\phi=1$ 和 $\phi=0$ 具有最小值。

$$G(\phi)=\frac{1}{4a}g(\phi) \qquad 常数\ a>0 \tag{3.53}$$

式中，

$$g(\phi)=\phi^2(1-\phi)^2 \tag{3.54}$$

这样就保证了 $f(T_M,0)=f(T_M,1)=0$。

在下面部分，通过选取 $p(\phi)$ 的具体表达式来确定相场模型的控制方程。对纯物质而言，主要研究形态的不稳定性及随后过冷溶液中的枝晶生长。在这种情况下，热传导主要发生在液相中。因此，为了处理问题方便，假定液相中的能量密度是温度的线性函数，即：

$$e_L(T)=e_L(T_M)+c_p(T-T_M) \tag{3.55}$$

于是，内能方程（3.45）和相场方程（3.46）化为：

$$\{c_p+[p(\phi)-1]L'(T)\}\frac{\partial T}{\partial t}+L(T)p'(\phi)\frac{\partial\phi}{\partial t}=k\nabla^2 T \tag{3.56}$$

$$\tau\frac{\partial\phi}{\partial t}=Q(T)p'(\phi)-\frac{1}{4a}g'(\phi)+\varepsilon^2\nabla^2\phi \tag{3.57}$$

式中，k 为热导率，视为常数。式（3.56）和式（3.57）为纯物质相场模型。

通过求解式（3.57）在平衡条件下 $T=T_M$ 时的一维解，可以验证参数 a 和 ε 与界面厚度和表面自由能的关系。在一维情况下，当 $T=T_M$ 时，则式（3.57）化为：

$$\varepsilon^2\frac{d^2\phi}{dx^2}-\frac{1}{4a}g'(\phi)=0 \tag{3.58}$$

边界条件：$x\to-\infty$ 时 $\phi\to0$；$x\to+\infty$ 时 $\phi\to1$。求解得：

$$\phi(x)=\frac{1}{2}\left[\tanh\left(\frac{x}{2\sqrt{2a}\varepsilon}\right)+1\right] \tag{3.59}$$

根据式（3.59）求得界面层的特征厚度为：

$$\delta = \sqrt{a}\,\varepsilon \tag{3.60}$$

根据 Helmholtz 自由能泛函，在 $T=T_{\mathrm{M}}$ 时，由式（3.31）和式（3.34）得：

$$F = U - T_{\mathrm{M}}S = \int_v \left[f(T_{\mathrm{M}}, \phi) + \frac{1}{2}\varepsilon^2 T_{\mathrm{M}}(\nabla\phi)^2 \right] \mathrm{d}v \tag{3.61}$$

因为 $f(T_{\mathrm{M}}, \phi)=0$，所以单位面积的表面自由能为：

$$\sigma = \int_{-\infty}^{+\infty} \varepsilon^2 T_{\mathrm{M}} \left(\frac{\mathrm{d}\phi}{\mathrm{d}x} \right)^2 \mathrm{d}x \tag{3.62}$$

求解得：

$$\sigma = \frac{\sqrt{2}\,\delta T_{\mathrm{M}}}{12a} \tag{3.63}$$

常数 a 与材料参数和界面层厚度有关。

（2）相场控制方程的无量纲化

为了计算的方便性，将相场的控制方程无量纲化。引入长度尺度 w 为参考尺度代表系统的几何尺度，热扩散时间 w^2/κ 作为参考时间尺度，其中 $\kappa = k/c_p$，κ 为液相的热扩散系数，且为常数。

$$\left. \begin{array}{ll} \text{长度} & \tilde{x} = \dfrac{x}{w} \\[3mm] \text{时间} & \tilde{t} = \dfrac{t}{w^2/\kappa} \\[3mm] \text{温度} & u = \dfrac{T-T_{\mathrm{M}}}{T_{\mathrm{M}}-T_0} = \dfrac{T-T_{\mathrm{M}}}{\Delta T} \end{array} \right\} \tag{3.64}$$

式中，T_0 为参考温度，通常在 Neumann 条件时为初始温度；ΔT 为参考温差，如熔点与计算域边界温度之间的值。

把式（3.64）代入式（3.56）、式（3.57）中，整理得无量纲控制方程为：

$$\left\{ 1 + [p(\phi)-1]\frac{\tilde{L}'(u)}{\Omega} \right\} \frac{\partial u}{\partial \tilde{t}} + \frac{\tilde{L}(u)}{\Omega} p'(\phi) \frac{\partial \phi}{\partial \tilde{t}} = \tilde{\nabla}^2 u \tag{3.65}$$

$$\frac{\tilde{\varepsilon}^2}{m} \times \frac{\partial \phi}{\partial \tilde{t}} = \tilde{\varepsilon}^2 \tilde{\nabla}^2 \phi + \tilde{\varepsilon}\alpha\Omega\tilde{Q}(u) p'(\phi) - \frac{1}{4}g'(\phi) \tag{3.66}$$

$$\tilde{L}(u) = L/L_0 \tag{3.67}$$

$$\tilde{Q}(u) = \int_0^u \frac{\tilde{L}(\zeta)}{\{1+[(T_{\mathrm{M}}-T_0)/T_{\mathrm{M}}]\zeta\}^2} \mathrm{d}\zeta \tag{3.68}$$

$$\left. \begin{array}{ll} \alpha = \dfrac{\sqrt{2}\,w[L_0]^2}{12c\sigma T_{\mathrm{M}}} & \Omega = \dfrac{c_p(T_{\mathrm{M}}-T_0)}{L_0} = \dfrac{c_p\Delta T}{L_0} \\[4mm] \tilde{\varepsilon} = \dfrac{\delta}{w} & m = \dfrac{6\sqrt{2}\,\delta\sigma}{\tau K T_{\mathrm{M}}} \end{array} \right\} \tag{3.69}$$

此外，能量密度中的函数 $p(\phi)$ 要给出其具体形式，取：

$$p(\phi) = \frac{\int_0^\phi g(\zeta)\mathrm{d}\zeta}{\int_0^1 g(\zeta)\mathrm{d}\zeta} = \phi^3(10 - 15\phi + 6\phi^2) \tag{3.70}$$

上式满足 $p(0)=0$、$p(1)=1$ 以及式（3.50）、式（3.51）和式（3.52）的条件，因为当 $\phi=0$ 和 $\phi=1$ 时 $p'(\phi)=p''(\phi)=0$。这样式（3.70）对 $Q(T)$ 没有限制条件，为了简化起见，假定固相的比热容等于液相的比热容 c，则 $L(T)=L_0$，$\tilde{L}(u)=1$；并假定 $|T_\mathrm{M}-T_0| \ll T_\mathrm{M}$，则有 $\tilde{Q}(u) \approx u$。

于是式（3.65）、式（3.66）化为：

$$\frac{\partial u}{\partial \tilde{t}} + \frac{30g(\phi)}{\Omega} \times \frac{\partial \phi}{\partial \tilde{t}} = \tilde{\nabla}^2 u \tag{3.71}$$

$$\frac{\tilde{\varepsilon}^2}{m} \times \frac{\partial \phi}{\partial \tilde{t}} = \tilde{\varepsilon}^2 \tilde{\nabla}^2 \phi + 30g(\phi)\tilde{\varepsilon}\alpha\Omega u - \frac{1}{4}g'(\phi) \tag{3.72}$$

无量纲参数 Ω 和 α 可以根据 w、$(T_\mathrm{M}-T_0)$ 以及材料参数确定。而参数 $\tilde{\varepsilon}$ 和 m 仍然是未定的，因为它们与未知参量 δ 和 τ 有关。通常参数 δ 要比 w 尽可能小，所以当 Ω、α 和 m 为同一数量级，极限 $\tilde{\varepsilon} \to 0$ 时，通过相场方程的渐近分析确定参数 m。在这种条件下，则得到自由边界问题的方程（即明锐界面模型）：

$$\frac{\partial u}{\partial \tilde{t}} = \nabla^2 u \tag{3.73}$$

界面边界条件为：

$$u = -\tilde{\Gamma}\left(\tilde{K} + \frac{\tilde{v}_l}{m}\right) \tag{3.74}$$

$$\frac{\partial u}{\partial n} = -\frac{\tilde{v}_l}{\Omega} \tag{3.75}$$

式中，$\tilde{\Gamma} = \sigma T_\mathrm{M}/[wL_0(T_\mathrm{M}-T_0)]$ 为无量纲毛细管长度；$\tilde{v}_l$ 是指向液相的无量纲界面法向速度；$\tilde{K}$ 为无量纲界面曲率。界面边界条件式（3.74）当 $\tilde{v}_l \to 0$ 时，则得到 Gibbs-Thomson 方程，而另一项则包含了界面动力学的影响因素。所以无量纲界面动力学系数可由 m 表示。式（3.74）对应的量纲方程为：

$$T = T_\mathrm{M} - \frac{\sigma T_\mathrm{M}}{L_0}K - \frac{1}{\mu}v_l \tag{3.76}$$

m 与上式中的 μ 值有关，进一步求解得：

$$m = \frac{\mu\sigma T_\mathrm{M}}{\kappa L_0} \tag{3.77}$$

式中，m 为无量纲界面动力学系数，且与 $\tilde{\varepsilon}$ 无关。

将式（3.54）及其导数代入式（3.71）和式（3.72），整理得相场和温度场的无量纲控制方程：

$$\frac{\tilde{\varepsilon}^2}{m} \times \frac{\partial \phi}{\partial \tilde{t}} = \phi(1-\phi)\left[\phi - \frac{1}{2} + 30\tilde{\varepsilon}\alpha\Omega u\phi(1-\phi)\right] + \tilde{\varepsilon}^2\tilde{\nabla}^2\phi \qquad (3.78)$$

$$\frac{\partial u}{\partial \tilde{t}} + \frac{1}{\Omega}p'(\phi)\frac{\partial \phi}{\partial \tilde{t}} = \tilde{\nabla}^2 u \qquad (3.79)$$

其中，$p(\phi) = \phi^3(10 - 15\phi + 6\phi^2)$

相场方程由四个无量纲参量 Ω、α、m、$\tilde{\varepsilon}$ 表征。

$$\left.\begin{array}{ll} \Omega = \dfrac{c_p\Delta T}{L} & \alpha = \dfrac{\sqrt{2}\,wL^2}{12c\sigma T_M} \\[3mm] m = \dfrac{\mu\sigma T_M}{KL} & \tilde{\varepsilon} = \dfrac{\delta}{w} \end{array}\right\} \qquad (3.80)$$

式中，Ω 为无量纲过冷度；μ 为界面移动速率；σ 为界面能；δ 为界面层的厚度。

（3）相场控制方程的各向异性

对纯金属的凝固，晶体的形貌主要由温度场的分布来决定。由于金属凝固过程中存在着晶体生长的各向异性。因此，关于枝晶生长的一个完整描述，必须考虑到晶体的各向异性。修改相场方程，在参数 $\tilde{\varepsilon}$ 中引入各向异性，其形式为：

$$\tilde{\varepsilon}(\theta) = \bar{\varepsilon}\eta(\theta) = \bar{\varepsilon}(1 + \gamma\cos\lambda\theta) \qquad (3.81)$$

式中，θ 为界面法线方向与 x 轴正方向之间的夹角；λ 为各向异性模数，对于立方晶系金属而言，$\lambda = 4$，为 4 次对称；γ 为表面张力向异性参数即向异性强度。界面能各向异性对晶体平衡形状的影响可用 Gibbs-Thomson 方程描述：$\eta(\theta) + \eta''(\theta) = f^L - f^S = 1 - 15\cos(4\theta)$。其中，$f^L$ 和 f^S 分别为液相和固相的自由能密度。当界面能各向异性 $\gamma < 1/15$ 时，方程两边都为正，枝晶形貌光滑连续；当界面能各向异性 $\gamma > 1/15$ 时，方程左边都为负，界面变得不连续；因此，本文中界面能各向异性强度取值 $\gamma < 1/15$。

于是，对于二维系统的相场方程则化为：

$$\frac{\bar{\varepsilon}^2}{m} \times \frac{\partial \phi}{\partial \tilde{t}} = \phi(1-\phi)\left[\phi - \frac{1}{2} + 30\bar{\varepsilon}\alpha\Omega u\phi(1-\phi)\right] -$$

$$\bar{\varepsilon}^2\frac{\partial}{\partial x}\left[\eta(\theta)\eta'(\theta)\frac{\partial \phi}{\partial y}\right] + \bar{\varepsilon}^2\frac{\partial}{\partial y}\left[\eta(\theta)\eta'(\theta)\frac{\partial \phi}{\partial x}\right] +$$

$$\bar{\varepsilon}^2\tilde{\nabla}\left[\eta^2(\theta)\tilde{\nabla}\phi\right] \qquad (3.82)$$

式中，$\eta'(\theta) = \mathrm{d}\eta/\mathrm{d}\theta$。为了预测各向异性的影响，根据相场 ϕ 利用下面的关系式确定 θ 的大小。这样由方程（3.79）和方程（3.82）构成了相场模型的控制方程。

法矢量：

$$\hat{n} = \frac{\nabla\phi}{|\nabla\phi|} = \cos\theta\hat{x} + \sin\theta\hat{y} \qquad (3.83)$$

定义 $\tan\theta = \phi_y/\phi_x$，有：

$$\theta_x = \frac{\phi_x\phi_{xy} - \phi_y\phi_{xx}}{|\nabla\phi|^2}$$

$$\theta_y = \frac{\phi_x\phi_{yy} - \phi_y\phi_{xy}}{|\nabla\phi|^2} \qquad (3.84)$$

其中 $\theta = \arctan(\phi_y / \phi_x)$　　　　　$\Delta x = \Delta y$

$$\theta_x = \frac{\phi_x \phi_{xy} - \phi_y \phi_{xx}}{\phi_x^2 + \phi_y^2} \qquad \theta_y = \frac{\phi_x \phi_{yy} - \phi_y \phi_{xy}}{\phi_x^2 + \phi_y^2}$$

$$\phi_x = \frac{\phi_{i+1,j}^k - \phi_{i,j}^k}{\Delta x} \qquad \phi_y = \frac{\phi_{i,j+1}^k - \phi_{i,j}^k}{\Delta y}$$

$$\phi_{xy} = \frac{\phi_{i+1,j}^k - \phi_{i+1,j-1}^k - \phi_{i,j}^k + \phi_{i,j-1}^k}{\Delta x \Delta y}$$

$$\phi_{xx} = \frac{\phi_{i+1,j}^k - 2\phi_{i,j}^k + \phi_{i-1,j}^k}{(\Delta x)^2} \qquad \phi_{yy} = \frac{\phi_{i,j+1}^k - 2\phi_{i,j}^k + \phi_{i,j-1}^k}{(\Delta y)^2} \qquad (3.85)$$

（4）扰动的影响

枝晶的生长主要包括两个方面的内容：一是枝晶主干的稳态生长；二是侧向分枝的非稳态产生与粗化。这两个过程是耦合在一起的，上面讨论的主要是针对枝晶主干的生长。对于侧向分枝，如果没有扰动存在，枝晶生长最终衰减为光滑的枝晶即只有主干的存在。为了激发侧向分枝的产生，需要加入扰动。由于金属凝固过程中存在温度起伏，因此有必要考虑随机扰动的影响。在相场方程中引入随机扰动，把扰动项 $A_n r_n$ 加到式（3.82）的动力学项中，其中 A_n 为扰动的振幅，r_n 为 $[-0.5, 0.5]$ 之间的随机数。从物理意义上讲，这代表了界面上的热扰动。

3.2.2　相场控制方程的离散

（1）相场控制方程的离散

相场模型的优点之一是不需要跟踪固液界面的位置和形状。相场方程的正确数值解要求相场变量的梯度能够在一个薄的界面区间有足够的解。所以用数值方法在二维正方形区域中求解相场模型的控制方程。控制方程是二阶、非线性方程，用均匀网格的二阶有限差分技术进行离散。引入空间步长 Δx 和 Δy，时间步长 Δt。相场方程采用一般显式时间差分格式离散，温度场方程采用交替隐格式进行离散。相场方程满足收敛的条件为：$\Delta t \leqslant (\Delta x)^2 / 4$。另外，计算域要足够大以保证枝晶能充分长大。

根据前文的推导，相场模型的控制方程为：

相场方程：

$$\frac{\bar{\varepsilon}^2}{m} \times \frac{\partial \phi}{\partial \tilde{t}} = \phi(1-\phi) \left[\phi - \frac{1}{2} + 30\bar{\varepsilon}\alpha\Omega u \phi(1-\phi)\right] -$$

$$\bar{\varepsilon}^2 \frac{\partial}{\partial x}\left[\eta(\theta)\eta'(\theta)\frac{\partial \phi}{\partial y}\right] +$$

$$\bar{\varepsilon}^2 \frac{\partial}{\partial y}\left[\eta(\theta)\eta'(\theta)\frac{\partial \phi}{\partial x}\right] +$$

$$\bar{\varepsilon}^2 \tilde{\nabla}\left[\eta^2(\theta)\tilde{\nabla}\phi\right] \qquad (3.86)$$

温度场方程：

$$\frac{\partial u}{\partial \tilde{t}} + \frac{1}{\Omega}p'(\phi)\frac{\partial \phi}{\partial \tilde{t}} = \tilde{\nabla}^2 u \qquad (3.87)$$

为了便于相场方程的离散，首先将相场方程等号右端的第二项、第三项、第四项分别用符号Ⅰ、Ⅱ、Ⅲ表示，然后将相场方程展开，得到以下等式：

$$\mathrm{I} = -\frac{\partial}{\partial x}\left[\eta(\theta)\eta'(\theta)\frac{\partial\phi}{\partial y}\right] = -\frac{\partial}{\partial x}\left[(1+\gamma\cos\lambda\theta)(1+\gamma\cos\lambda\theta)'\frac{\partial\phi}{\partial y}\right]$$

$$= -\frac{\partial}{\partial x}\left[(1+\gamma\cos4\theta)(1+\gamma\cos4\theta)'\frac{\partial\phi}{\partial y}\right]$$

$$= \frac{\partial}{\partial x}\left[(4\gamma\sin4\theta+2\gamma^2\sin8\theta)\frac{\partial\phi}{\partial y}\right]$$

$$= 4\gamma\frac{\partial}{\partial x}\left[(\sin4\theta)\frac{\partial\phi}{\partial y}\right] + 2\gamma^2\frac{\partial}{\partial x}\left[(\sin8\theta)\frac{\partial\phi}{\partial y}\right]$$

$$= 4\gamma\left[4\cos4\theta\frac{\partial\theta}{\partial x}\times\frac{\partial\phi}{\partial y}+\sin4\theta\frac{\partial^2\phi}{\partial x\partial y}\right] + 2\gamma^2\left[8\cos\theta\frac{\partial\theta}{\partial x}\times\frac{\partial\phi}{\partial y}+\sin8\theta\frac{\partial^2\phi}{\partial x\partial y}\right]$$

$$= 4\gamma[4\cos4\theta\theta_x\phi_y+\sin4\theta\phi_{xy}] + 2\gamma^2[8\cos8\theta\theta_x\phi_y+\sin8\theta\phi_{xy}]$$

$$= 4\gamma\left[4\cos4\theta\frac{\partial\theta}{\partial x}\times\frac{\partial\phi}{\partial y}+\sin4\theta\frac{\partial^2\phi}{\partial x\partial y}\right] + 2\gamma^2\left[8\cos\theta\frac{\partial\theta}{\partial x}\times\frac{\partial\phi}{\partial y}+\sin8\theta\frac{\partial^2\phi}{\partial x\partial y}\right]$$

$$\tag{3.88a}$$

同理：

$$\mathrm{II} = \frac{\partial}{\partial y}\left[\eta(\theta)\eta'(\theta)\frac{\partial\phi}{\partial x}\right]$$

$$= -4\gamma[4\cos4\theta\theta_y\phi_x+\sin4\theta\phi_{xy}]-2\gamma^2[8\cos8\theta\theta_y\phi_x+\sin8\theta\phi_{xy}] \tag{3.88b}$$

$$\mathrm{III} = \widetilde{\nabla}\left[\eta^2(\theta)\widetilde{\nabla}\phi\right]$$

$$= \phi_{xx}+\phi_{yy}-8\gamma\sin4\theta[\theta_x\phi_x+\theta_y\phi_y]+2\gamma\cos4\theta[\phi_{xx}+\phi_{yy}]-$$
$$4\gamma^2\sin8\theta[\theta_x\phi_x+\theta_y\phi_y]+\gamma^2\cos^24\theta[\phi_{xx}+\phi_{yy}]$$

$$= \phi_{xx}+\phi_{yy}-[\theta_x\phi_x+\theta_y\phi_y][8\gamma\sin4\theta+4\gamma^2\sin8\theta]+$$
$$[\phi_{xx}+\phi_{yy}][2\gamma\cos4\theta+\gamma^2\cos^24\theta] \tag{3.88c}$$

$$\mathrm{I}+\mathrm{II}+\mathrm{III} = 16\gamma[\cos4\theta+\gamma\cos8\theta][\theta_x\phi_y-\theta_y\phi_x]+$$
$$\phi_{xx}+\phi_{yy}-[\theta_x\phi_x+\theta_y\phi_y][8\gamma\sin4\theta+4\gamma^2\sin8\theta]+$$
$$[\phi_{xx}+\phi_{yy}][2\gamma\cos4\theta+\gamma^2\cos^24\theta]$$

$$\phi_{i,j}^{k+1} = \phi_{i,j}^k+\frac{m\Delta t}{\bar{\varepsilon}^2}\left\{\phi_{i,j}^k(1-\phi_{i,j}^k)\left[\phi_{i,j}^k-\frac{1}{2}+30\bar{\varepsilon}\alpha\Omega u\phi_{i,j}^k(1-\phi_{i,j}^k)\right]\right\}+$$
$$m\Delta t\{16\gamma[\cos4\theta+\gamma\cos8\theta][\theta_x\phi_y-\theta_y\phi_x]+$$
$$\phi_{xx}+\phi_{yy}-[\theta_x\phi_x+\theta_y\phi_y][8\gamma\sin4\theta+4\gamma^2\sin8\theta]+$$
$$[\phi_{xx}+\phi_{yy}][2\gamma\cos4\theta+\gamma^2\cos^24\theta]\} \tag{3.89}$$

经过整理，得到相场方程的差分方程为：

$$\phi_{i,j}^{k+1} = \phi_{i,j}^k+\frac{m\Delta t}{\bar{\varepsilon}^2}\left\{\phi_{i,j}^k(1-\phi_{i,j}^k)\left[\phi_{i,j}^k-\frac{1}{2}+30\bar{\varepsilon}\alpha\Omega u\phi_{i,j}^k(1-\phi_{i,j}^k)\right]\right\}+$$
$$m\Delta t\{16\gamma[\cos4\theta+\gamma\cos8\theta][\theta_x\phi_y-\theta_y\phi_x]-[\theta_x\phi_x+\theta_y\phi_y]$$
$$[8\gamma\sin4\theta+4\gamma^2\sin8\theta]+[\phi_{xx}+\phi_{yy}][1+\gamma\cos4\theta]^2\} \tag{3.90}$$

将温度场方程按照交替隐格式进行离散，得：

$$U_{i,j}^{k+1} = \frac{\Delta x^2 - 2\Delta t}{\Delta x^2 + 2\Delta t} U_{i,j}^k - \frac{\Delta x^2}{\Delta x^2 + 2\Delta t} \times \frac{30}{\Omega} [\phi_{i,j}^k]^2 [1 - \phi_{i,j}^k]^2 [\phi_{i,j}^{k+1} - \phi_{i,j}^k] +$$

$$\frac{\Delta t}{\Delta x^2 + 2\Delta t} [U_{i+1,j}^{k+1} + U_{i-1,j}^{k+1} + U_{i,j+1}^k + U_{i,j-1}^k] \tag{3.91a}$$

$$U_{i,j}^{k+2} = \frac{\Delta x^2 - 2\Delta t}{\Delta x^2 + 2\Delta t} U_{i,j}^{k+1} - \frac{\Delta x^2}{\Delta x^2 + 2\Delta t} \times \frac{30}{\Omega} [\phi_{i,j}^{k+1}]^2 [1 - \phi_{i,j}^{k+1}]^2 [\phi_{i,j}^{k+2} - \phi_{i,j}^{k+1}] +$$

$$\frac{\Delta t}{\Delta x^2 + 2\Delta t} [U_{i+1,j}^{k+1} + U_{i-1,j}^{k+1} + U_{i,j+1}^{k+2} + U_{i,j-1}^{k+2}] \tag{3.91b}$$

将式（3.91a）、式（3.91b）进行整理，得到温度场方程的差分方程为：

$$A_i U_{i-1,j}^{k+1} + (B_i - 2A_i) U_{i,j}^{k+1} + C_i U_{i+1,j}^{k+1} = D_i \tag{3.92a}$$

$$A_i U_{i,j-1}^{k+2} + (B_i - 2A_i) U_{i,j}^{k+2} + C_i U_{i,j+1}^{k+2} = D_j \tag{3.92b}$$

其中：

$$A_i = -\Delta t = C_i$$

$$B_i = \Delta x^2$$

$$D_i = -A_i U_{i,j-1}^k + (B_i + 2A_i) U_{i,j}^k - C_i U_{i,j+1}^k - F_i [\phi_{i,j}^k]^2 [1 - \phi_{i,j}^k]^2 [\phi_{i,j}^{k+1} - \phi_{i,j}^k]$$

$$D_j = -A_i U_{i-1,j}^{k+1} + (B_i + 2A_i) U_{i,j}^{k+1} - C_i U_{i+1,j}^{k+1} - F_i [\phi_{i,j}^{k+1}]^2 [1 - \phi_{i,j}^{k+1}]^2 [\phi_{i,j}^{k+2} - \phi_{i,j}^{k+1}]$$

$$F_i = B_i \frac{30}{\Omega}$$

（2）物性参数和定解条件

① 纯物质 Ni 的物性参数　对纯物质 Ni 而言，利用相场模型进行计算时，所需的物性参数如表 3.1 所示。

表 3.1　纯物质 Ni 的物性参数

材料物性参数	Ni	材料物性参数	Ni
界面能 $\sigma/(J/cm^2)$	3.7×10^{-5}	热扩散系数 $\kappa/(cm^2/s)$	0.155
熔点 T_M/K	1728	各向异性模数 λ	4
结晶潜热 $L/(J/cm^3)$	2350	界面动力学系数 m	0.05
比热容 $c_p/[J/(K \cdot cm^3)]$	5.42	系统参数 α	400
参考长度 w/cm	2.1×10^{-4}	系统参数 $\bar{\varepsilon}$	0.005
界面迁移率 $\mu/[cm/(K \cdot s)]$	285		

② 定解条件　开始时整个区域充满均匀的过冷熔体，$u = -1$，形核和凝固过程在绝热边界条件下，即 Zero-Neumann 边界条件。根据前面的定义，$u = 0$ 对应纯物质的熔点。在正方形计算域的边界上应用对称条件，无量纲计算区域的尺寸为 9.0×9.0。枝晶凝固模拟时初始晶核在计算域中心形成，枝晶轴与坐标轴的方向一致。x 和 y 轴正方向的均匀网格数分别为 900，$\Delta x = \Delta y = 0.005$，$\Delta t = 1.2 \times 10^{-5}$。为了减少计算量，因此模拟时计算了四分之一的区域。

初始条件：$\phi_{i,j}^0 = 1$　　　$u_{i,j}^0 = -1$　　（$0 \leqslant i^2 + j^2 \leqslant 10^2$）

$\phi_{i,j}^0 = 0$　　　$u_{i,j}^0 = -1$　（$10^2 < i^2 + j^2 < 900^2$）

其中 $i, j = 0, 1, 2, 3, \cdots, 900$

边界条件：$\dfrac{\partial \phi}{\partial t} = \dfrac{\partial u}{\partial t} = 0$

3.2.3 纯物质 Ni 过冷熔体枝晶生长的模拟

（1）各向异性对晶体生长形态的影响

改变各向异性强度 γ 的值，模拟各向异性强度对过冷熔体中纯物质 Ni 晶体生长形态的影响，模拟结果如图 3.7、图 3.8、图 3.9 和图 3.10 所示。各图中（a）、（b）和（c）分别为无量纲时间 $t = 0.06$、$t = 0.12$ 和 $t = 0.18$ 时的相场分布，即该时刻 Ni 在过冷熔体中晶体生长形态；（d）、（e）和（f）分别为无量纲时间 $t = 0.06$、$t = 0.12$ 和 $t = 0.18$ 时的温度分布。当各向异性强度为零时晶体采取分形生长的方式，由于不存在显著占优的生长方向，固液界面以相同或相近的速度向各个方向生长。当界面前沿曲率半径大于临界曲率半径时，界面失稳形成分叉。随着各向异性强度的增大，晶体呈现出择优生长，沿晶轴方向生长速度快。纯物质等轴凝固时，液相中的温度梯度为负值，而固相中的温度梯度基本上等于零，自由晶体向过冷熔体中生长，生长放出的结晶潜热向着液相的方向传走。圆界面上形成的扰动将使温度梯度变陡（这可以从温度场的等温线中观察到），从而使尖端排出更多的热。结果局部生长速度得以增大，界面在形态上总是不稳定的。因此，纯金属等轴晶凝固总是以树枝状形态生长。另外，晶体的各向异性影响枝晶的形态，对于不同的 γ 值，计算模拟的枝晶形态也不相同。从图中可以观察到，当各向异性强度为零即各向同性生长时，晶体以分形方式生长，在生长过程中界面前沿不断分叉，不存在稳定的生长状态。晶体生长在各个方向基本相同，晶体生长没有择优的取向（图 3.7）。随着各向异性强度 γ 值的增大，沿晶轴方向生长速度的增长要比其他方向增长得快。当各向异性强度 $\gamma = 0.01$ 时，沿晶轴方向的生长速度较为明显（图 3.8），并且随着时间的增长，各向异性强度的影响作用逐渐增大。当各向异性强度 $\gamma = 0.02$ 时，沿晶轴方向的优先生长更加明显（图 3.9）。当各向异性强度 $\gamma = 0.03$ 时，$t = 0.12$ 时还可以观察到等轴枝晶不稳定的

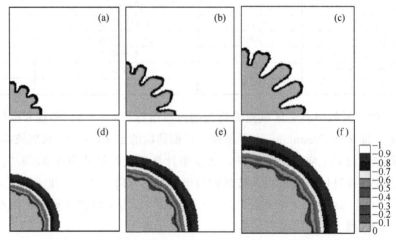

图 3.7　$\gamma = 0$ 即各向同性时纯物质 Ni 过冷熔体中晶体生长的微观模拟

（a）、（b）、（c）为 $t = 0.06$、$t = 0.12$ 和 $t = 0.18$ 时相场即晶体生长形态

（d）、（e）、（f）为 $t = 0.06$、$t = 0.12$ 和 $t = 0.18$ 时温度场

二次晶臂逐渐被相邻的稳定生长的二次臂吞灭即发生大晶臂靠消耗较小的晶臂而进行的竞争生长；当 t＝0.18 时不稳定的二次臂消失，稳定的二次臂则变粗（图3.10）。从这一系列的晶体生长的微观模拟中可以得出：各向异性强度影响到晶体的形态和生长方式。随着各向异性强度的增大，在凝固过程的同一时刻，晶体沿晶轴方向优先生长速度逐渐增大，一次枝晶臂宽度减小、长度增大，一次臂形貌狭长。各向异性强度（$\gamma \neq 0$）一定时，随着凝固时间的增加，枝晶沿晶轴的生长速度也是逐渐增加的。因此，对一个枝晶的完整描述必须考虑到晶体的各向异性。

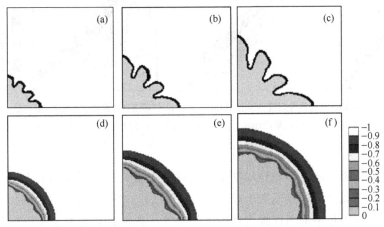

图3.8　各向异性强度 γ＝0.01 时纯物质 Ni 过冷熔体中晶体生长的微观模拟

（a）、（b）、（c）为 t＝0.06、t＝0.12 和 t＝0.18 时相场即晶体生长形态

（d）、（e）、（f）为 t＝0.06、t＝0.12 和 t＝0.18 时温度场

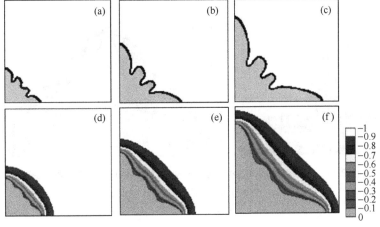

图3.9　各向异性强度 γ＝0.02 时纯物质 Ni 过冷熔体中晶体生长的微观模拟

（a）、（b）、（c）为 t＝0.06、t＝0.12 和 t＝0.18 时相场即晶体生长形态

（d）、（e）、（f）为 t＝0.06、t＝0.12 和 t＝0.18 时温度场

（2）纯物质 Ni 过冷熔体中枝晶生长模拟

图3.11 所示为各向异性强度 γ 为0.02、无量纲时间为0.24 时纯物质 Ni 过冷熔体中枝晶生长的微观模拟，其中（a）为相场分布即枝晶形貌，（b）为温度场。由于绝热边界条件，晶核在型壁中心形成后向前方的过冷熔体中生长，放出的结晶潜热向着液相中方向

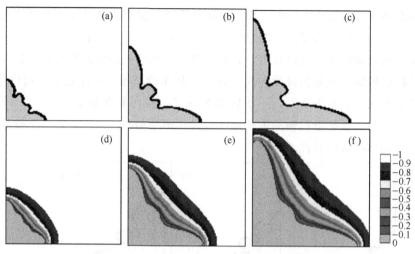

图 3.10 各向异性强度 $\gamma = 0.03$ 时纯物质 Ni 过冷熔体中晶体生长的微观模拟

(a)、(b)、(c) 为 $t=0.06$、$t=0.12$ 和 $t=0.18$ 时相场即晶体生长形态

(d)、(e)、(f) 为 $t=0.06$、$t=0.12$ 和 $t=0.18$ 时温度场

传输，使尖端排出更多的热，导致局部生长速度得以增大，界面在形态上总是不稳定的，在这种条件下纯金属以树枝晶形态生长 [图 3.11 (a)]。纯物质枝晶凝固时，液相中的温度梯度为负值，而固相中的温度梯度基本上等于零，晶体是向过冷熔体中生长，界面上形成的扰动将使温度梯度变陡 [图 3.11 (b)]。由于分枝是在过冷区生长，离开界面后过冷度增大，使分枝向液相内部伸展，形成固相骨架，同时可以观察到枝晶生长过程中出现的"缩颈"现象。

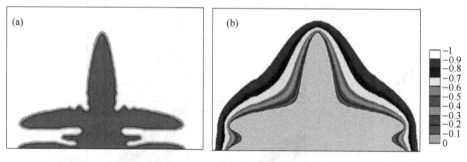

图 3.11 无量纲时间为 0.24 时纯物质 Ni 过冷熔体中枝晶生长的微观模拟

(a) 相场分布即枝晶形貌；(b) 温度场

3.2.4 小结

耦合相场和温度方程模拟了纯物质 Ni 过冷熔体中枝晶生长，再现了一个枝晶的亚结构，包括一次臂、二次臂等，可以观察到枝晶生长时出现的"缩颈"现象。当各向异性强度为零时晶体采取分形生长的方式，固液界面以相同或相近的速度向各个方向生长。随着各向异性强度的增大，晶体呈现出择优生长，沿晶轴方向生长速度快。各向异性强度影响到晶体的形态和固相生长方式。因此，关于枝晶生长的一个完整描述，必须考虑到晶体的各向异性。

3.3 Al-Si 合金等温凝固枝晶生长的相场法模拟

3.3.1 二元合金等温凝固过程的相场模型

本部分采用 KKS 相场模型，KKS 模型是由 S. G. Kim、W. T. Kim 和 T. Suzuki 提出的，利用稀释溶液近似处理相场方程，利用自由能密度的形式导出相场方程和溶质场方程，模拟了 Al-Si 合金等温凝固枝晶生长[44,45]。

（1）相场方程

在该模型中，界面是由固相和液相按一定的质量分数构成的，而这些固相和液相具有不同的组分和不同的自由能。自由能表达式为：

$$f^{S} = c_S f_B^{S}(T) + (1 - c_S) f_A^{S}(T) \tag{3.93}$$

$$f^{L} = c_L f_B^{L}(T) + (1 - c_L) f_A^{L}(T) \tag{3.94}$$

式中，f_A^{L}、f_B^{L} 分别代表二元合金中 A、B 组元的液相自由能；f_A^{S}、f_B^{S} 分别代表二元合金中 A、B 组元的固相自由能；c_S、c_L 为固相和液相的浓度。自由能密度定义为固相和液相的自由能密度分别乘以固相和液相的分数，再加上剩余自由能的和，表示为：

$$f(c, \phi) = h(\phi) f^{S}(c_L) + [1 - h(\phi)] f^{L}(c_L) + Wg(\phi) \tag{3.95}$$

式中，$h(\phi)$ 为势函数，$h(\phi) = \phi^3(6\phi^2 - 15\phi + 10)$；$g(\phi)$ 为剩余自由能函数，$g(\phi) = \phi^2(1 - \phi)^2$；$f^{S}$、$f^{L}$ 代表的是合金的固、液相自由能；W 为相场参数。

相场控制方程可以表示为：

$$\frac{\partial \phi}{\partial t} = M[\varepsilon^2(\theta_i) \nabla^2 \phi - f_\phi] \tag{3.96}$$

式中，M 为相场迁移率参数；ε 为与界面能有关的参数；f_ϕ 表示自由能密度对相场 ϕ 的一阶导数。当利用稀薄溶液近似时：

$$f_\phi = \frac{RT}{V_m} h'(\phi) \ln \frac{(1 - c_S^e)(1 - c_L)}{(1 - c_L^e)(1 - c_S)} + Wg'(\phi) \tag{3.97}$$

（2）溶质场扩散方程

与相场耦合的溶质扩散方程采用自由能密度的形式描述：

$$\frac{\partial c}{\partial t} = \nabla \left[\frac{D(\phi)}{f_{cc}} \nabla f_c \right] \tag{3.98}$$

式中，$D(\phi)$ 为溶质扩散系数；f_c、f_{cc} 为自由能密度 f 对浓度的一阶、二阶偏导数。

界面成分是由平衡条件下的溶质分配系数来决定，即 $c_S = k_0 c_L$，$0 < \phi < 1$，并且在两相平衡时，界面区域中任意点的固相和液相的化学势相等，即

$$c = h(\phi) c_S + [1 - h(\phi)] c_L \tag{3.99}$$

$$\mu^{S} c_S(x, t) = \mu^{L} c_L(x, t) \tag{3.100}$$

式中，μ^{S}、μ^{L} 分别为固相和液相的化学势。

（3）相场参数的确定

参数 ε、W 与界面能 σ、界面厚度 δ 有关，M 与界面动力系数 β 有关。假设界面区域为 $0.001 < \phi < 0.999$，相场参数的值由下面的表达式得到，相场迁移率参数 M 的表达式为：

$$M^{-1} = \frac{\varepsilon^2}{\sigma} \left[\frac{RT}{V_m} \times \frac{1-k_0}{m^e} \beta + \frac{\varepsilon}{D_L \sqrt{2W}} \zeta(c_S^e, c_L^e) \right] \tag{3.101}$$

$$\zeta(c_S^e, c_L^e) = f_{cc}^S(c_S^e) f_{cc}^L(c_L^e)(c_L^e - c_S^e)$$
$$\times \int_0^1 \frac{h(\phi_0)[1 - h(\phi_0)]}{[1 - h(\phi_0)] f_{cc}^S(c_S^e) + h(\phi_0) f_{cc}^L(c_L^e) \phi_0 (1 - \phi_0)} \tag{3.102}$$

与界面能有关的参数 ε 为：

$$\varepsilon = \sqrt{\frac{6\delta}{2.2} \sigma} \tag{3.103}$$

相场参数 W 为：

$$W = \sqrt{\frac{6.6\sigma}{\lambda}} \tag{3.104}$$

式中，σ 为界面能；δ 为界面厚度；β 为动力系数；m^e 为液相线斜率；D_L 为溶质在液相中的扩散系数；c 为溶质摩尔浓度，下标 S、L 分别表示固相和液相。

（4）各向异性

金属以枝晶形式进行凝固时，各向异性对枝晶形态选择和枝晶生长稳定性产生影响。因此，对于枝晶生长模拟必须考虑到固液界面处的各向异性，引入界面能各向异性。

$\varepsilon(\theta_i)$ 是与界面能有关的参数，表示为：

$$\varepsilon(\theta_i) = \varepsilon_0 (1 + \gamma \cos \lambda \theta_i) \tag{3.105}$$

式中，λ 为各向异性的模数，立方晶系的一般取 4；γ 为各向异性强度系数；θ_i 为界面与某个晶粒的优先生长方向间的夹角。

$$\theta_i = y(\eta_i) + \arctan \frac{\phi_y}{\phi_x} \tag{3.106}$$

式中，下标 i 表示某个晶粒；ϕ_x、ϕ_y 分别表示相场在 x 轴和 y 轴方向的偏导数。

$$y(\eta_i) = \gamma_i \pi / 2 \quad (i = 1, 2, \cdots, n) \tag{3.107}$$

式中，n 代表晶粒的个数；γ_i 是 0 到 1 之间的随机数。

引入各向异性后的相场方程为：

$$\frac{\partial \phi}{\partial t} = M \{ \varepsilon^2 \nabla^2 \phi + \varepsilon \varepsilon' [\sin 2\theta (\phi_{yy} - \phi_{xx}) + 2\cos 2\theta \phi_{xy}] - \frac{1}{2} (\varepsilon'^2 + \varepsilon \varepsilon'') \times$$
$$[2\sin 2\theta \phi_{xy} - \nabla^2 \phi - \cos 2\theta (\phi_{yy} - \phi_{xx})] - f_\phi \} \tag{3.108}$$

式中，ε 的上标 '、" 分别表示对 θ 的一阶和二阶导数；ϕ 的下标 x、y 分别表示对 x、y 的二阶偏导数。

（5）扰动

引入扰动的方式主要有两种：一种是只在相场控制方程中加入非能量守恒的扰动，另一种是同时在相场控制方程及温度场控制方程或浓度场控制方程中加入能量守恒的扰动。

本文采取第一种方式，即在相场方程中加入扰动：

$$\frac{\partial \phi}{\partial t} = \frac{\partial \phi}{\partial t} + 16g(\phi)\chi\varpi \tag{3.109}$$

式中，χ 是 -1 到 1 之间的随机数；ϖ 是与时间有关的扰动强度因子；$16g(\phi)$ 用来强制扰动在固液界面出现，$\phi = 0.5$ 处可能出现最大扰动，远离界面将迅速减小。

3.3.2 相场控制方程的离散

在离散之前首先要对求解区域进行剖分，对于二维空间情况下的离散采用均匀网格划分，其中的 Δx、Δy 分别为 x 方向和 y 的步长，且 $\Delta x = \Delta y$。

中间过程各阶微分用差分表示如下：

$$\phi_x = \frac{\partial \phi}{\partial x} = \frac{\phi_{i+1,j}^n - \phi_{i-1,j}^n}{2\Delta x}$$

$$\phi_y = \frac{\partial \phi}{\partial y} = \frac{\phi_{i,j+1}^n - \phi_{i,j-1}^n}{2\Delta y}$$

$$\phi_{xx} = \frac{\partial^2 \phi}{\partial x^2} = \frac{\phi_{i+1,j}^n - 2\phi_{i,j}^n + \phi_{i-1,j}^n}{(\Delta x)^2}$$

$$\phi_{yy} = \frac{\partial^2 \phi}{\partial y^2} = \frac{\phi_{i,j+1}^n - 2\phi_{i,j}^n + \phi_{i,j-1}^n}{(\Delta y)^2}$$

$$\phi_{xy} = \frac{\partial^2 \phi}{\partial x \partial y} = \frac{\phi_{i+1,j+1}^n - \phi_{i-1,j+1}^n - \phi_{i+1,j-1}^n + \phi_{i-1,j-1}^n}{4\Delta x \Delta y}$$

控制方程中相场对时间的微分离散形式如下：

$$\phi_t = \frac{\phi_{i,j}^{n+1} - \phi_{i,j}^n}{\Delta t}$$

相场模型的控制方程为：

$$\frac{\partial \phi}{\partial t} = M\{\varepsilon^2 \nabla^2 \phi + \varepsilon\varepsilon'[\sin 2\theta(\phi_{yy} - \phi_{xx}) + 2\cos 2\theta\phi_{xy}] - \frac{1}{2}(\varepsilon'^2 + \varepsilon\varepsilon'') \times$$

$$[2\sin 2\theta\phi_{xy} - \nabla^2 \phi - \cos 2\theta(\phi_{yy} - \phi_{xx})] - f_\phi\} \tag{3.110}$$

相场控制方程是二阶非线性方程，用均匀网格的显式有限差分技术进行离散，引入空间步长 Δx、Δy 和时间步长 Δt。

溶质场模型的控制方程为：

$$\frac{\partial c}{\partial t} = \nabla \left[\frac{D(\phi)}{f_{cc}} \nabla f_c \right] \tag{3.111}$$

采用同样的方法对二维溶质场控制方程的基本各项进行离散为：

$$C_x = \frac{\partial c}{\partial x} = \frac{c_{i+1,j}^n - c_{i-1,j}^n}{2\Delta x}$$

$$C_y = \frac{\partial c}{\partial y} = \frac{c_{i,j+1}^n - c_{i,j-1}^n}{2\Delta y}$$

$$C_{xx} = \frac{\partial^2 c}{\partial x^2} = \frac{c_{i,j+1}^n - 2c_{i,j}^n + c_{i-1,j}^n}{(\Delta x)^2}$$

$$C_{yy} = \frac{\partial^2 c}{\partial y^2} = \frac{c_{i,j+1}^n - 2c_{i,j}^n + c_{i,j-1}^n}{(\Delta y)^2}$$

$$C_{xy} = \frac{\partial^2 c}{\partial x \partial y} = \frac{c_{i+1,j+1}^n - c_{i-1,j+1}^n - c_{i+1,j-1}^n + c_{i-1,j-1}^n}{4\Delta x \Delta y}$$

控制方程中溶质场对时间的微分离散形式如下：

$$C_t = \frac{\partial c}{\partial t} = \frac{c_{i,j}^{n+1} - c_{i,j}^n}{\Delta t}$$

通过上面基本项的离散，就可以用时间迭代的方法将相场和溶质场在 t 时刻的值计算出来。

3.3.3 初始条件和边界条件

假设初始晶核半径为 R，则

$(x-a)^2 + (y-b)^2 \leqslant R^2$ 时，$\phi = 1$ $T = T_m - \Delta T$

$(x-a)^2 + (y-b)^2 > R^2$ 时，$\phi = 0$ $T = T_m - \Delta T$

式中，x、y 分别是横坐标和纵坐标；T 是无量纲温度；ΔT 是过冷度；ϕ、c 采用绝热边界条件，即 Zero-Neumann 边界条件。

在计算区域边界，相场、温度场和溶质场均采用 Neumann 边界条件，即

$$\frac{\partial \phi}{\partial t} = \frac{\partial c}{\partial t} = 0$$

以 Al-2mol%Si❶合金为例，模拟了单个和多个枝晶的生长，该合金的物性参数如表 3.2 所示。

⊡ 表 3.2 Al-2mol%Si 合金物性参数

材料物性参数	Al-2mol%Si
界面能 $\sigma/(J/m^2)$	0.093
熔点 T_m/K	933.6
摩尔体积 $V_m/(m^3/mol)$	1.06×10^{-5}
平衡溶质分配系数 k^e	0.0807
溶质在液相中扩散系数 $D_L/(m^2/s)$	3×10^{-9}
溶质在固相中扩散系数 $D_S/(m^2/s)$	1×10^{-12}
液相线斜率 $m^e/(K/mol)$	939.0

3.3.4 Al-2mol%Si 合金等温凝固单个枝晶生长的模拟

（1）择优生长取向角对单个枝晶生长的影响

初始温度为 870K，计算域网格为 1200×1200，空间步长取 1×10^{-8} m，时间步长 $\Delta t = \Delta x^2/(5D_L)$，各向异性强度为 0.03，晶核置于计算域中心，选取枝晶择优生长方向

---

❶ 本书中 mol% 表示摩尔分数（物质的量分数）。——著者按

与坐标轴水平方向之间 4 个不同的角度模拟单个枝晶的生长。图 3.12 为 Al-2mol％Si 合金凝固时间在 0.14ms 时 4 个不同取向单个枝晶生长的形貌和对应的溶质场,其中 (a)、(b)、(c) 和 (d) 为枝晶择优生长取向角分别为 0°、30°、45°和 60°时的枝晶形貌,(e)、(f)、(g) 和 (h) 为对应的溶质场。尽管初始晶核设置为球形,枝晶的生长表现出明显的择优取向。对于立方晶系合金而言,〈100〉是枝晶的择优生长方向,固液界面能在〈100〉方向上具有最低值,〈100〉方向上生长速率高,枝晶生长过程中一次枝晶臂沿着择优生长取向生长。从图中可以看到不同取向的枝晶形貌及溶质分布情况,枝晶沿择优生长方向生长最快。二次枝晶臂基本垂直于一次枝晶臂生长,符合立方晶系合金特征。从图中可观察到完整二次分枝的枝晶形貌及枝晶的生长过程中出现的根部"缩颈"现象。不同取向枝晶的二次分枝形貌有所不同,枝晶择优生长取向角不同,二次枝晶生长情况不同。择优生长取向角为 0°时即枝晶的择优生长取向与坐标轴平行,二次枝晶较取向角为 30°、45°和 60°时要发达,部分二次枝晶上出现了三次枝晶。枝晶间和枝晶界面前沿溶质富集,枝晶间溶质富集程度大。这是由于凝固过程中溶质再分配,固相中溶质的浓度低于合金初始浓度,而液相中溶质的扩散速度小于枝晶生长速度,凝固析出的溶质不能充分扩散到液相中,从而富集在枝晶前沿。由于枝晶尖端生长速度较大,溶质来不及扩散,也造成界面处浓度梯度加大;固相中溶质的扩散速度又远远落后于枝晶生长速度,溶质原子没有足够的时间扩散,导致枝晶间溶质富集。

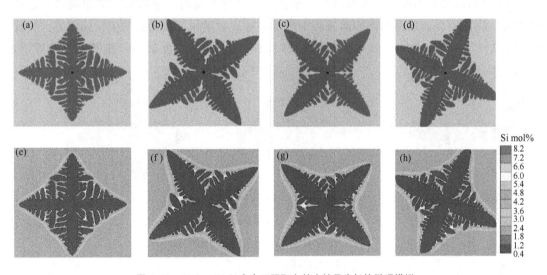

图 3.12　Al-2mol%Si 合金不同取向单个枝晶生长的微观模拟

(a)、(b)、(c) 和 (d) 择优生长取向角为 0°、30°、45°和 60°时的枝晶形貌

(e)、(f)、(g) 和 (h) 为对应的溶质场

(2) 各向异性对枝晶生长的影响

图 3.13 所示为各向异性强度取不同值时枝晶生长的模拟结果,(a)、(b)、(c) 和 (d) 各向异性强度分别为 $\gamma=0$、$\gamma=0.01$、$\gamma=0.03$ 和 $\gamma=0.05$。图 3.13 (a) 是各向异性强度为 0 时,即各向同性时的晶体形貌,晶体向各个方向均匀生长,枝晶无主次之分;在较小的各向异性强度条件下 [图 3.13 (b)],一次枝晶和二次枝晶开始有方向性,枝晶尖端出现分叉现象,这是枝晶尖端非稳态造成的。微观可解理论指出,枝晶尖端的非稳态

现象与各向异性相关。图 3.13（c）为各向异性强度为 0.03，一次枝晶稳定，二次枝晶垂直于一次枝晶，且枝晶尖端无分叉现象，枝晶形态接近实际情况。继续增大各向异性强度值，当各向异性强度值为 0.05 时［图 3.13（d）］，一次枝晶不稳定，出现分叉现象。

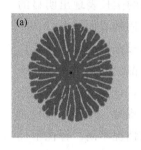 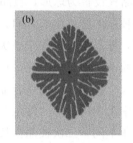 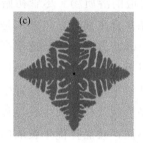 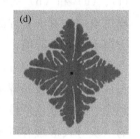

图 3.13　不同各向异性强度下 Al-2mol%Si 合金枝晶生长的微观模拟

（a）、（b）、（c）和（d）各向异性强度分别为 0、0.01、0.03 和 0.05

（3）过冷度对枝晶生长的影响

图 3.14 为 Al-2mol%Si 合金等温凝固不同过冷度时枝晶形貌和相应的溶质分布的模拟结果，其中（a）、（b）和（c）过冷度分别为 $\Delta T = 53.6$K、$\Delta T = 63.6$K 和 $\Delta T = 73.6$K，凝固时间为 0.14ms 时的枝晶形貌；（d）、（e）和（f）分别为对应溶质场。图 3.15 为枝晶尖端固液界面处的溶质分布情况。过冷度是液态金属凝固的驱动力，过冷度越大，则凝固界面前沿由固相向液相中推进的速度就越快，枝晶尖端生长速度越大。比较图 3.14（a）与（b）、（c）可以看出，图 3.14（a）的过冷度最小，在低的过冷度下，

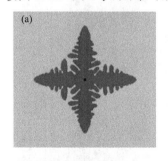 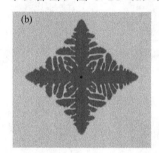 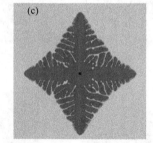

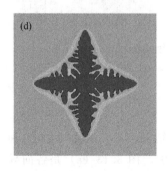 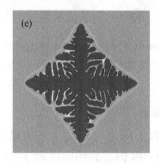 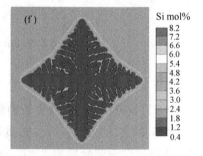

图 3.14　不同过冷度下 Al-2mol%Si 合金枝晶生长的微观模拟

（a）、（b）和（c）过冷度分别为 53.6K、63.6K 和 73.6K 时的枝晶形貌

（d）、（e）和（f）分别为对应的溶质场

固液界面周围的溶质扩散层较厚，抑制了枝晶的生长，在图 3.14（a）中只出现了少量的二次枝晶臂，二次枝晶生长得慢。低过冷度条件下，二次枝晶臂减小并且数量也比较少。图 3.14（c）初始温度最低，即过冷度最大，其枝晶最发达，枝晶不仅具有发达的二次枝晶臂，而且还出现了三次枝晶臂。在高的过冷度下，凝固前沿浓度梯度大，枝晶尖端凝固排出的溶质较快地扩散到前方的熔体中，二次枝晶发达。这表明大的过冷度可以促进枝晶的生长，同时二次枝晶臂也越来越发达，当过冷度足够大时还会出现三次枝晶臂。低过冷度下界面的扩散层厚度要大于高过冷度下的扩散层厚度［图 3.14（d）、（e）、（f）］，对二次分枝的生长起到了抑制作用。高的过冷度促进了二次分枝的长大，当过冷度足够大时，在二次分枝上形成三次分枝。另外，从浓度场中可以看出，枝晶臂中心 Si 的浓度要低一些，这是由于凝固过程中固相中溶质的扩散速度落后于枝晶生长速度。枝晶凝固时固相与液相界面区域出现 Si 的富集，固相中 Si 的浓度低于初始浓度，液相中溶质的扩散速度小于枝晶生长速度，凝固时析出的溶质不能充分扩散到液相中，从而富集在枝晶前沿。

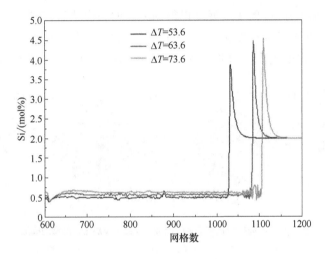

图 3.15　不同过冷度下枝晶尖端固液界面处的溶质分布

（4）界面厚度对枝晶生长的影响

图 3.16 为 Al-2mol％Si 合金等温凝固不同界面厚度下枝晶形貌和相应的溶质分布的模拟结果，（a）、（b）和（c）界面厚度分别为 $2\Delta x$、$3\Delta x$ 和 $4\Delta x$（Δx 为模拟计算的空间步长，$\Delta x = 1 \times 10^{-8}$ m）。图 3.16（a）界面厚度相对较小，形成二次枝晶，二次枝晶的数量较多，但一次枝晶臂出现裂开分叉现象。图 3.16（b）一次枝晶和二次枝晶生长发达，能真实反映枝晶生长形貌。图 3.16（c）界面厚度进一步加大，一次枝晶臂变粗，二次枝晶也进一步加粗，部分二次枝晶生长很快并出现小的分枝，这主要是由于界面厚度的加大，数值误差也随之增大，在界面处形成误差噪声产生扰动，当误差噪声达到一定程度时就会引发侧向分枝。当界面厚度较小时，误差噪声较小，不影响计算结果；当界面厚度较大时，误差噪声足以在界面上形成扰动；当界面厚度取值过大时枝晶生长形貌变异，因此利用相场法模拟枝晶生长时，必须有效控制数值误差引起的噪声。

（5）扰动对枝晶生长的影响

图 3.17 为不同扰动强度时枝晶生长形貌的模拟结果，（a）、（b）、（c）和（d）扰动强

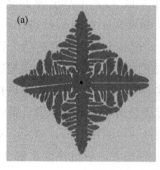
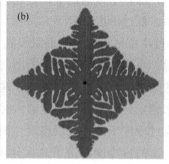
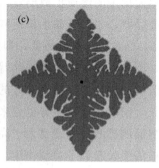

图 3.16　不同界面厚度下 Al-2mol%Si 合金枝晶生长的微观模拟

（a）、（b）和（c）界面厚度分别为 2×10^{-8}m、3×10^{-8}m 和 4×10^{-8}m

度分别为 $\varpi=0$、$\varpi=0.01$、$\varpi=0.02$ 和 $\varpi=0.03$。从图中（a）可以看出，当没有加扰动即扰动强度为 0 时，主要是形成一次枝晶，只有少数二次小枝晶在一次臂根部出现；从图（b）中可以看出，加入 0.01 的扰动就可以得到完整的二次枝晶；图（c）中随着扰动强度增加到 0.02 时，二次枝晶也愈发达；图（d）所示当扰动强度达到 0.03 时主枝晶臂也会出现分叉，枝晶有一定的失真。因此，扰动强度取 $\varpi=0.01$ 和 $\varpi=0.02$ 合适。

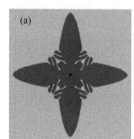
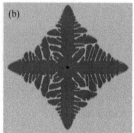
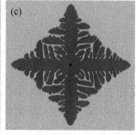
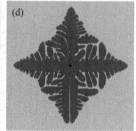

图 3.17　不同扰动强度下 Al-2mol%Si 合金枝晶生长的微观模拟

（a）、（b）、（c）和（d）扰动强度分别为 0、0.01、0.02 和 0.03

（6）单个枝晶的定向生长

图 3.18 为单个枝晶定向生长的微观模拟，（a）～（f）为凝固时间分别为 0.04ms、0.1ms、0.14ms、0.18ms、0.22ms 和 0.26ms 时枝晶形貌，（g）～（l）为对应的溶质场。计算域网格数为 1000×1000 的正方形区域。晶核置于模拟区域的左下角沿对角线生长，如图 3.18 所示。自由生长的枝晶发展成具有发达侧枝的对称性结构，在枝晶根部某些二次分枝的端部形成三次分枝。此外，在二次枝晶间距相对较大的区域，出现了三次分枝。二次枝晶和三次枝晶组成了枝晶的侧枝。

从图中可以看出，随着凝固时间的增加，枝晶逐渐地长大。首先，在枝晶生长初期主要是一次枝晶臂的长大，并逐步萌发侧向分枝，形成二次或更高次枝晶臂，如图 3.18（a）～（d）所示。然后，当一次枝晶臂生长到边界后，一次枝晶将停止生长，主要是侧向分枝的生长，侧向分枝相互之间进行竞争生长，逐渐长大、变粗，如图 3.18（e）所示。最后，当侧向分枝生长到边界后，二次枝晶臂也将停止生长，从而进入熟化阶段，此时侧向分枝的合并开始更加明显，二次枝晶臂或更高次枝晶臂之间由于表面张力的作用而融合，通过枝晶的变粗和相互融合使固相连成一体，如图 3.18（f）所示。从图中可以发现

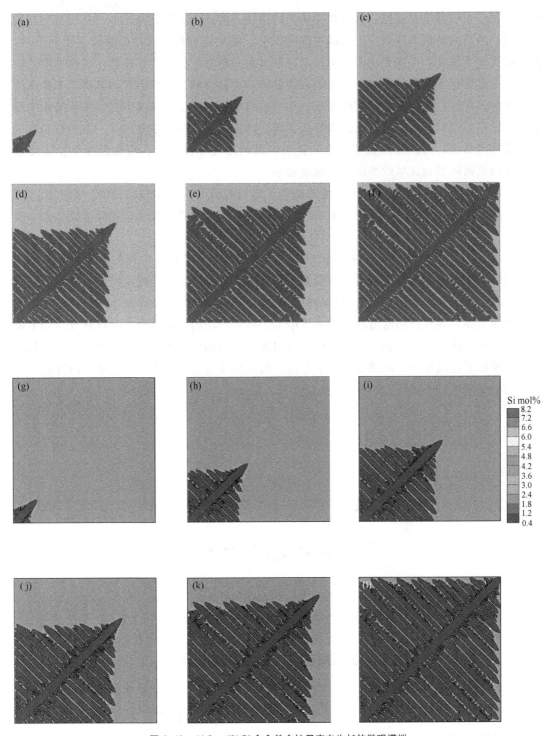

图 3.18　Al-2mol%Si 合金单个枝晶定向生长的微观模拟

（a）～（f）分别为凝固时间为 0.04ms、0.1ms、0.14ms、0.18ms、0.22ms 和 0.26ms 时枝晶形貌

（g）～（l）为对应的溶质场

在已经凝固的枝晶部位，枝晶固相中 Si 的浓度比液相中低，液固界面区域出现了大量 Si 的富集，凝固过程存在溶质的再分配，固相中 Si 的浓度低于初始浓度，液相中溶质的扩

散速度又小于枝晶生长速度，从液相中析出的溶质不能充分扩散到液相中，从而富集在枝晶前沿；溶质的最低浓度处位于枝晶晶臂的中心，凝固过程枝晶尖端曲率效应引起过冷，使固相线向下移动，而固相中溶质的扩散速度又大大落后于枝晶生长速度；最高浓度处位于被二次晶臂包围的糊状区域，该区域富集的溶质扩散受到二次枝晶臂的阻碍，不易向液相中扩散。另外，由于溶质的扩散速度远小于枝晶的生长速度，枝晶生长过程从液相中析出的溶质不能及时扩散，因此在液固界面区域会形成一定的溶质浓度梯度。由于枝晶尖端的生长速度最快，因此枝晶尖端前沿的界面区域的浓度梯度最大；枝晶根部生长速度最慢，所以其液固界面区域的浓度梯度也就最小。

从图 3.18 中，可以发现一个有趣的现象：三次枝晶只在二次枝晶臂的一侧生长，而不是在两侧生长，这种特殊现象在 1993 年 Glickman 等的实验中发现，模拟结果也进一步证实。

图 3.19 是 Al-2％Si 合金在初始温度为 870K 时枝晶生长过程中枝晶尖端的生长速度与时间的关系。由图中可以看出，在凝固的初始阶段枝晶以较快的速度生长，在初始阶段驱动枝晶生长的过冷度主要为所施加的热过冷度，随着枝晶的生长，发生溶质再分配并在固液界面富集，导致枝晶前沿的浓度迅速增加。迅速增加的界面溶质浓度将导致尖端生长速度的迅速下降，最后达到一个稳态值，表明此时从固相中排出到界面处的溶质原子与界面处溶质原子在液相中扩散基本达到了平衡，枝晶尖端的生长速度在一定范围内波动，枝晶尖端生长进入稳态过程。

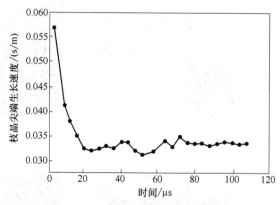

图 3.19　枝晶尖端的生长速度随时间的变化曲线

3.3.5　Al-2mol％Si 合金等温凝固多个枝晶生长的模拟

（1）多个枝晶的模拟结果

计算网格数为 1200×1200，空间步长取 $1 \times 10^{-8} \mathrm{m}$，时间步长为 $\Delta t = \Delta x^2/(5D_l)$，各向异性取 0.03，采用定点形核的方式，将四个晶核放置于模拟的计算区域。图 3.20 为 870K 等温凝固过程中不同取向 4 个枝晶生长的模拟结果，其中（a）～（f）分别为凝固时间为 0.04ms、0.08ms、0.12ms、0.16ms、0.20ms 和 0.30ms 时枝晶形貌，（g）～（l）为相应的溶质场。在凝固初期，不同取向枝晶之间在没有接触前，枝晶的生长和单个枝晶的生长相同。随着凝固的进行，这些不同取向的枝晶在熔体中自由生长，最终互相接触。

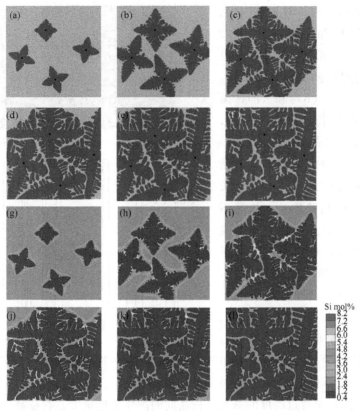

图 3. 20　Al-2mol%Si 合金多个枝晶定向生长的微观模拟

（a）～（f）分别为凝固时间为 0.04ms、0.08ms、0.12ms、0.16ms、0.20ms 和 0.30ms 时的枝晶形貌

（g）～（l）为相应的溶质场

（a）和（b）中 4 个枝晶自由生长，枝晶间没有发生碰撞和接触，随着凝固时间的增加，界面形态变得不稳定。枝晶在枝干方向生长得快，出现了细小的二次分枝和凝固过程中的"缩颈"现象。从图（c）～（f）和（i）、（l）中可以看出，边界附近的枝晶受到计算域边界的限制使生长受到限制。多个枝晶的生长具有单个枝晶生长出现的竞争生长；同时，在垂直于枝干的方向上形成的二次分枝逐渐增大，有的二次分枝上形成三次分枝。在枝晶生长过程中，二次枝晶臂有的被其近邻吞并，有的在与主干垂直的方向生长。枝晶尖端的前沿存在着溶质富集。枝晶间液体与枝干有不同的成分。随着凝固过程的进行，枝晶周围溶质场相互重叠，即发生软接触（soft impingement）。当枝晶尖端扩散场与相邻枝晶上生长出来的分枝的扩散场相遇，枝晶停止生长，即发生硬接触（hard impingement），并开始熟化和加粗。一个熟化过程可使高次分枝的枝晶臂随时间进程而变得更粗，分枝减少，尺寸较小的分枝消失。最后凝固的枝晶间液体与最先凝固的枝干有不同的成分。

图 3.21 所示为 y 轴坐标为 1000 时对应的溶质元素 Si 的浓度分布，固相区的溶质浓度最低，如图中的波谷所示。枝晶间的液相区的溶质浓度最高，对应于图中的波峰。波峰和波谷的形成是由固液界面前沿的溶质分配引起的。这和实际枝晶中溶质的分布情况是一致的。

（2）过冷度对多个枝晶生长的影响

图 3.22 为各向异性强度为 0.03、凝固时间为 0.2ms 时过冷度分别为 53.3K、63.3K

和 73.3K 时的模拟结果，图 3.22 (a)、(b) 和 (c) 为枝晶形貌，图 3.22 (d)、(e) 和 (f) 为相应的溶质场。可以看出，过冷度对枝晶生长影响很大。比较图 3.22 (a)、(b) 和 (c)，图 3.22 (a) 中枝晶生长速度相对较慢，该时刻枝晶之间还充满了很多的液相，二次枝晶相对较少。图 3.22 (c) 初始温度最低，即过冷度最大，枝晶生长速度相对快而且枝晶臂发达，枝晶不仅具有发达的二次枝晶，而且还出现了三次枝晶。同时，过冷度对不同择优取向的枝晶生长的影响也不相同，当枝晶择优生长方向与坐标轴方向一致时，枝晶分枝发达。从图 3.22 (d)、(e) 和 (f) 中的溶质分布可以看出，不同过冷度下枝晶生长过程溶质分布规律基本一致，但不同的过冷度枝晶间的溶质浓度不同，随着过冷度的增大，枝晶间的溶质浓度增大。在枝晶相互碰撞接触区

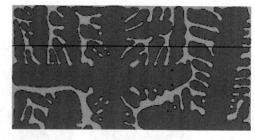

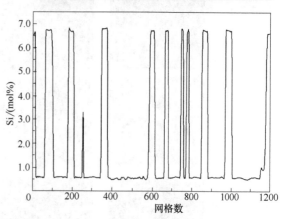

图 3.21　$y=1000$ 时溶质元素 Si 的浓度分布

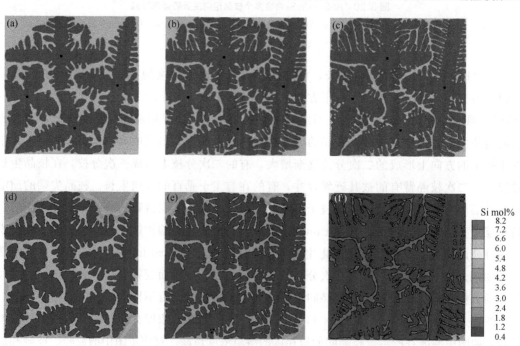

图 3.22　不同过冷度下 Al-2mol%Si 合金多个枝晶生长的微观模拟

(a)、(b) 和 (c) 过冷度分别为 53.3K、63.3K 和 73.3K 时的枝晶形貌

(d)、(e) 和 (f) 为对应的溶质场

域的溶质浓度最大。还可以看出，过冷度越大，在被枝晶和二次晶臂包围的界面区域，溶质不易向液相中扩散，因此整个区域的溶质浓度也越高。过冷度小，枝晶的生长速率减小，从而加快了溶质原子的扩散速度，溶质扩散相对充分，枝晶间的溶质浓度相对较低；而在高的过冷度下，枝晶生长较快，溶质扩散速度慢不能充分扩散，使枝晶间的液相溶质浓度增加。

3.3.6 Al-2mol%Si 合金等温凝固枝晶粗化

枝晶是一种常见的金属凝固组织，对于具有一定凝固区间的合金，在凝固过程中会形成一个固液共存的糊状区。在大多数低速凝固过程中，枝晶在糊状区发生粗化是不可避免的。二次分枝与一次分枝之间的最大的差别是二次分枝存在粗化现象。二次枝晶臂的形成是一次枝晶界面不稳定的结果，其形成复杂，涉及由不稳定的胞状到枝晶转变以及对生长过程中的二次枝晶臂的粗化。二次枝晶形成后还有粗化，枝晶粗化会对最终的凝固组织和凝固微观偏析及产品性能有影响。实验证明，二次枝晶臂间距与材料的力学性能直接相关。枝晶粗化是由界面自由能所驱动的自发过程，其驱动力是固液体系总的界面自由能的降低。从热力学角度分析，枝晶粗化减小了固液接触面积，从而降低固液体系总的界面自由能。枝晶固液界面不同曲率分布产生的 Gibbs-Thomson 效应，导致界面平衡成分的差异，在液相中产生浓度梯度，引起溶质扩散。这些相互作用使得高曲率部位熔化而低曲率部位凝固，从而驱动了枝晶的粗化过程。该过程的动力学由溶质传输所控制，而固液界面的几何形状直接影响了枝晶粗化过程中浓度场的变化。

利用上面的相场模型，当计算时间足够长，一次枝晶臂足够大时，二次枝晶臂出现明显的粗化现象。可以看出，枝晶的一次臂和二次臂或三次臂的形成。当枝晶和分枝的尖端遇到邻近枝晶和枝晶分枝的扩散场（浓度场）时，它们就停止生长，开始发生熟化和加粗。开始形成的二次枝晶在后续的凝固过程中一部分分枝变得不稳定而被相邻分枝吞灭，只有一部分枝晶生长并保持在最后的凝固组织中。熟化过程造成了二次枝晶臂变粗、分枝的合并或被其近邻吞灭以及小的分枝和三次分枝臂的熔化。由于熟化现象，尺寸较小的分枝消失，并且转移到已经有较大尺寸的分枝上以促进其生长。其粗化过程的可能机理为：较细的二次臂熔化，同时较粗的分枝直径增大。这个过程与固态相变点 Ostwald 的熟化过程相似。

图 3.23 为 880K 时等温凝固过程中 Al-2mol%Si 合金在枝晶生长和枝晶粗化中固相分数随凝固时间的变化，显示了枝晶生长和粗化。随着凝固时间的增加，枝晶逐渐长大。在枝晶生长初期主要是一次枝晶臂的长大，并逐步萌发侧向分枝，形成二次枝晶或三次枝晶；当一次枝晶臂生长到边界后，一次枝晶将停止生长，主要是侧向分枝的生长，侧向分枝相互之间进行竞争生长，逐渐长大变粗；当侧向分枝生长到边界后，二次枝晶臂也将停止生长，进入熟化阶段，此时侧向分枝的相互合并开始明显增加，二次枝晶臂或三次枝晶臂之间由于表面张力的作用而融合，通过枝晶的变粗和相互融合使固相连成一体。二次枝晶粗化过程的形成主要有两个持续的阶段，一是在一次枝晶臂附近的二次枝晶臂互相竞争生长，一些二次枝晶充分生长并保留下来；二是三次分枝的生长阻碍了附近二次分枝的生长，从而调节了二次枝晶臂间距，只有一部分临近的二次枝晶臂能够继续生长并形成三次

枝晶。当凝固时间小于 0.7ms 时，枝晶的生长成为主导，固相分数增加很快，迅速增加到 67.7%；当凝固时间大于 0.8ms 后，固相分数由 68.1% 增加到 69.2%，固相分数变化不明显，枝晶的熟化成为主导。枝晶的粗化过程包含了凝固和重熔的相互促进作用。局部凝固-重熔不仅受局部界面曲率的影响，还受到相邻枝晶臂的形貌影响。枝晶的合并（图中的矩形区域所示）和枝晶的平滑（图中的圆角矩形区域所示）。小尺寸的枝晶尖端向根部逐渐熔化并最终消失（图中的圆圈区域所示）。

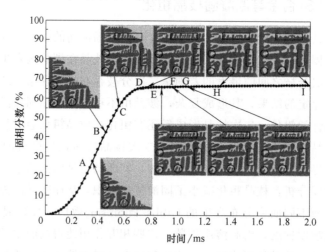

图 3.23 Al-2mol%Si 合金 880K 等温凝固过程中固相分数随时间变化和相应的枝晶形貌

表 3.3 列出了 880K 等温凝固过程中不同凝固时间下的固相分数。在模拟中观察到图 3.24 中（a）小枝晶臂的熔化、（b）相邻枝晶臂尖端合并和液滴滞留以及（c）枝晶尖端的平滑三种粗化模式。

⊡ 表 3.3 Al-2mol%Si 合金 880K 等温凝固过程中不同凝固时间下的固相分数

项目	位置								
	A	B	C	D	E	F	G	H	I
凝固时间/ms	0.36	0.46	0.56	0.72	0.88	0.96	1.06	1.30	2.00
固相分数/%	27.6	42.6	56.0	65.3	65.9	65.9	66.1	66.5	67.2

(a) 小枝晶臂的熔化

(b)相邻枝晶臂尖端合并和液滴滞留

(c) 枝晶尖端的平滑

图 3.24 Al-2mol%Si 合金在 880K 等温凝固过程中的三种粗化机制

3.3.7 小结

耦合相场和溶质场方程模拟了 Al-2mol%Si 合金等温凝固过程单个枝晶和多个枝晶的生长演化和枝晶熟化，讨论了枝晶择优生长取向角、各向异性强度、过冷度、界面厚度和扰动对枝晶生长形貌的影响。凝固过程中枝晶间的液相与枝干有不同的成分，枝晶主干溶质浓度最低，而在枝晶臂之间浓度最高。随着枝晶的不断长大，当枝晶尖端扩散场与相邻分枝的扩散场相遇时，枝晶停止生长，并开始熟化和粗化。枝晶的等温粗化主要有小枝晶臂的熔化、相邻枝晶臂尖端合并和液滴滞留、枝晶尖端的平滑三种模式。

3.4 Fe-C-Mn 三元合金等温凝固枝晶生长的相场法模拟

3.4.1 Fe-C-Mn 三元合金相场模型

根据 Kim 等[28] 提出的 KKS 模型，采用相场耦合浓度场方程模拟 Fe-Mn-C 三元合金等温凝固过程，研究了凝固过程中的枝晶形貌、溶质分布以及 Mn 元素对枝晶形貌的影响[46]。相场模型中包括相场 $\phi(x，y，t)$ 和溶质场 $c(x，y，t)$。定义相场变量 $\phi=1$ 表示固相，$\phi=0$ 为液相，固液界面上 ϕ 在 0~1 之间连续变化，则控制方程可描述为：

$$\frac{\partial \phi}{\partial t}=M\left[\varepsilon^2 \nabla^2 \phi+\frac{RT}{V_m}h'(\phi)\ln \frac{(1-c_{1S}^e-c_{2S}^e)(1-c_{1L}-c_{2L})}{(1-c_{1L}^e-c_{2L}^e)(1-c_{1S}-c_{2S})}-Wg'(\phi)\right] \quad (3.112)$$

$$\frac{\partial c_1}{\partial t}=\nabla \left\{D_1(\phi)\left\{[1-h(\phi)]\frac{c_{1L}(1-c_{1L}-c_{2L})}{1-c_{2L}}+h(\phi)\frac{c_{1S}(1-c_{1S}-c_{2S})}{1-c_{2S}}\right\}\nabla \ln \frac{c_{1L}}{1-c_{1L}-c_{2L}}\right\}$$
$$(3.113)$$

$$\frac{\partial c_2}{\partial t}=\nabla \left\{D_2(\phi)\left\{[1-h(\phi)]\frac{c_{2L}(1-c_{1L}-c_{2L})}{1-c_{1L}}+h(\phi)\frac{c_{2S}(1-c_{1S}-c_{2S})}{1-c_{1S}}\right\}\nabla \ln \frac{c_{2L}}{1-c_{1L}-c_{2L}}\right\}$$
$$(3.114)$$

其中：

$$h(\phi)=\phi^3(6\phi^2-15\phi+10)$$
$$g(\phi)=\phi^2(1-\phi)^2$$
$$c_i=h(\phi)c_i^S+[1-h(\phi)]c_i^L，i=1,2$$
$$\mu_j^s(c_j^s(x，t))=\mu_j^s(c_j^l(x，t))$$
$$\varepsilon(\theta)=\varepsilon_0 \eta=\varepsilon_0(1+\gamma \cos k\theta)$$
$$\sigma=\frac{\varepsilon \sqrt{W}}{3\sqrt{2}}$$
$$2\lambda=2.2\sqrt{2}\frac{\varepsilon}{\sqrt{W}}$$
$$M^{-1}=\frac{\varepsilon^3}{\sigma \sqrt{2W}}\left[\frac{1}{D_{1i}}\zeta_1(c_{1L}^e，c_{1S}^e)+\frac{1}{D_{2i}}\zeta_2(c_{2L}^e，c_{2S}^e)\right]+\frac{\varepsilon^2}{\sigma}\times \frac{RT}{V_m}\times \frac{1-k_0}{m^e}\beta$$

$$\zeta_i(c_S^e, c_L^e) = \frac{RT}{V_m}(c_{iL}^e - c_{iS}^e)^2 \times \int_0^1 \frac{h(\phi)[1 - h(\phi)]}{[1 - h(\phi)]c_{iL}^e(1 - c_{iL}^e) + h(\phi)c_{iS}^e(1 - c_{iS}^e)} \times$$

$$\frac{\mathrm{d}(\phi)}{\phi(1 - \phi)}, i = 1, 2$$

式中，M 为相场参数；ε 是与界面能有关的参数；ε_0 是 ε 的平均值；γ 是各向异性系数；k 是各向异性模数，一般取 4 或 6；θ 为界面法向与生长主轴的夹角，$\tan\theta = \phi_y/\phi_x$；$h(\phi)$ 为势函数；c_{1S}^e、c_{2S}^e、c_{1L}^e 和 c_{2L}^e 分别为平衡状态下的两溶质组元的固相和液相浓度；c_{1S}、c_{2S}、c_{1L} 和 c_{2L} 分别为界面处两溶质组元的固相和液相浓度；D_1（ϕ）和 D_2（ϕ）为两溶质的扩散系数；c_1 和 c_2 分别为两组元浓度；λ 为界面厚度；D_L 和 D_S 分别为溶质在液相和固相中的扩散系数；m^e 为液相线斜率。

为了模拟凝固过程中界面处的随机起伏，计算时需要加入一种扰动，在相场方程中加入一个人为的随机扰动：

$$\frac{\partial \phi}{\partial t} = \frac{\partial \phi}{\partial t} + 16g(\phi)\chi\varpi \tag{3.115}$$

式中，χ 是 $-1 \sim 1$ 之间的随机数；ϖ 是与时间有关的相扰动强度因子。

以 Fe-1.0mol%C-0.1mol%Mn 三元合金为例模拟枝晶的生长过程。该合金的物性参数为：$\sigma = 0.4\sigma \mathrm{J/m}$，$T_M = 1810\mathrm{K}$，$V_m = 7.7 \times 10^{-6} \mathrm{m}^3/\mathrm{mol}$，$D_L^C = 2.0 \times 10^{-9} \mathrm{m}^2/\mathrm{s}$，$D_S^C = 6.0 \times 10^{-10} \mathrm{m}^2/\mathrm{s}$，$D_L^{Mn} = 2.0 \times 10^{-9} \mathrm{m}^2/\mathrm{s}$，$D_S^{Mn} = 1.2 \times 10^{-11} \mathrm{m}^2/\mathrm{s}$。计算的空间步长为 $1 \times 10^{-8} \mathrm{m}$，计算区域为 1400×800 个网格。采用显示有限差分求解相场控制方程。相场 $\phi(x, y, t)$ 和溶质场 $c(x, y, t)$ 采用绝热边界条件。

3.4.2　Fe-1.0mol%C-0.1mol%Mn 合金等温凝固枝晶生长模拟

图 3.25 为 Fe-1.0mol%C-0.1mol%Mn 合金在 1750K 等温凝固不同时刻枝晶形貌。图 3.25（a）、（b）、（c）和（d）分别为凝固时间为 0.005ms、0.01ms、0.0125ms 和 0.015ms 时的枝晶形貌。从图中可以看出，枝晶沿晶轴的方向生长得快，随着凝固时间的延长，固液界面产生失稳，形成二次枝晶臂。随着凝固的继续，二次枝晶臂逐渐长大，在长大过程中可以看到二次枝晶臂的根部产生"缩颈"现象。当不同的一次枝晶臂上长出的二次枝晶相遇时，会产生枝晶臂之间的竞争生长。同时，在凝固过程中，枝晶在两个主干方向上的生长并不完全一致，它反映了随机扰动对凝固过程枝晶生长的影响。

图 3.26 为 Fe-1.0mol%C-0.1mol%Mn 合金凝固时间为 0.0125ms 时 C 和 Mn 的浓度分布。图 3.26（a）为 C 浓度分布，图 3.26（b）为 Mn 浓度分布。可以看出，C 和 Mn 的浓度分布趋势基本相似，Mn 和 C 浓度分布相似，枝晶主干溶质浓度最低，而在二次枝晶臂之间形成了溶质富集浓度最高。由于凝固过程枝晶尖端曲率效应引起过冷，使固相线向下移动，而固相中溶质的扩散速度又大大落后于枝晶生长速度。由于凝固过程的溶质再分配，固相中溶质的浓度低于初始浓度，液相中的溶质浓度也小于枝晶生长速度，凝固析出的溶质不能充分扩散到液相中，从而富集在枝晶前沿。但是由于 C 在固相扩散系数大，所以其浓度分布范围较宽，浓度值从 0.7% 到 3.0%；Mn 在固相中扩散系数较小，浓度分布范围也较窄，浓度值仅从 0.098% 到 0.127% 变化。

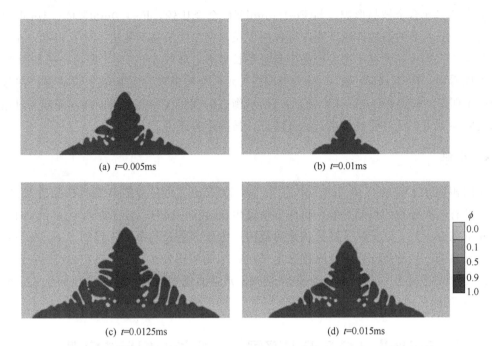

(a) t=0.005ms

(b) t=0.01ms

(c) t=0.0125ms

(d) t=0.015ms

图 3.25　Fe-1.0mol%C-0.1mol%Mn 合金在 1750K 等温凝固不同时刻枝晶形貌

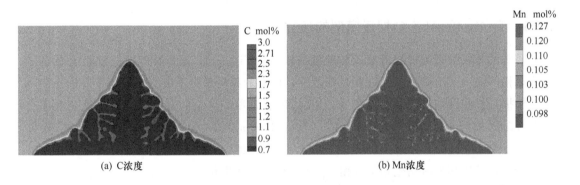

(a) C浓度

(b) Mn浓度

图 3.26　Fe-1.0mol%C-0.1mol%Mn 合金在 1750K 凝固时间为 0.0125ms 时 C 和 Mn 的浓度分布

图 3.27 为 1750K 等温凝固 0.01ms 时刻 Fe-1.0mol％C-0.1mol％Mn 三元合金和 Fe-

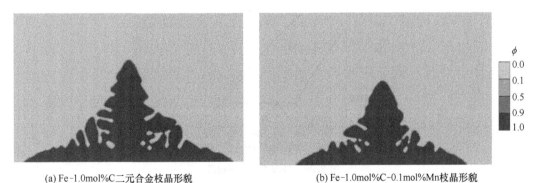

(a) Fe-1.0mol%C二元合金枝晶形貌

(b) Fe-1.0mol%C-0.1mol%Mn枝晶形貌

图 3.27　1705K 等温凝固 0.01ms 时刻枝晶形貌

1.0mol％C 二元合金枝晶形貌。与 Fe-1.0mol％C 合金比较，Fe-1.0mol％C-0.1mol％Mn 合金由于 Mn 元素的添加抑制了侧向分枝的生长，使二次枝晶不发达。对于 Fe-1.0mol％C 二元合金，二次枝晶垂直于主干枝晶生长且生长显著，如图 3.27（a）所示；从如图 3.27 （b）可以看出，Fe-1.0mol％C-0.1mol％Mn 三元合金枝晶较二元枝晶生长缓慢，并且二次枝晶不明显。这是由于第三组元的加入使平衡态的固相线和液相线下移，降低了过饱和度和凝固驱动力，从而使枝晶生长速度降低，枝晶生长缓慢。

3.4.3　小结

采用相场方法模拟了 Fe-1.0mol％C-0.1mol％Mn 三元合金等温凝固枝晶生长过程，获得了具有二次分枝的枝晶形貌，再现了枝晶生长过程；同时，枝晶在两个主干方向上的生长并不完全一致，它反映了随机扰动对凝固过程枝晶生长的影响。预测了 Fe-1.0mol％C-0.1mol％Mn 三元合金等温凝固枝晶生长过程中的溶质分布。与 Fe-1.0mol％C 合金比较，Fe-1.0mol％C-0.1mol％Mn 合金由于 Mn 元素的添加抑制了侧向分枝的生长，使二次枝晶不发达。

3.5　Ti-45at%[1]Al 合金等温凝固枝晶生长的相场法模拟

3.5.1　Ti-45at%Al 合金相场模型的建立

通常的相场模型为理想溶液或稀释溶液模型，Ti-45at％Al 合金溶液是复杂合金溶液且为非稀溶液，其溶液模型为准亚规则溶液，已有的相场模型不能直接应用于 Ti-45Al 合金，根据计算相图的热动力学模型（CalPhaD）构造凝固体系的自由能，建立复杂溶液二元合金凝固微观组织演化的相场模型[47,48]。Ti-45at％Al 合金自由能根据热力学软件 Thermo-Calc 进行计算。图 3.28 为 Ti-Al 合金部分相图，Ti-45at％Al 合金的液相线温度为 1858K，液固相变时初生相是 β 相，β 相以枝晶方式生长。

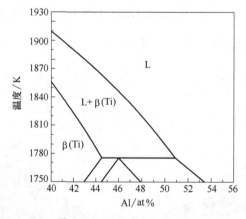

图 3.28　Ti-Al 合金部分相图

（1） Ti-Al 合金自由能

图 3.29 为利用 Thermo-Calc 软件计算的 1780K 时 Ti-Al 的固相和液相自由能，并列于表 3.4。

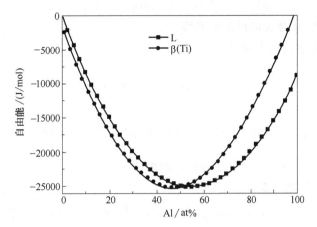

图 3.29　Ti-Al 合金 1780K 固相和液相自由能

☐ 表 3.4　Ti-Al 在 1780K 时固相和液相自由能

Al 成分/at%	液相自由能 /(J/mol)	固相自由能 /(J/mol)	Al 成分/at%	液相自由能 /(J/mol)	固相自由能 /(J/mol)
36.0	−22580	−23650	47.5	−25100	−25050
37.0	−22900	−23880	48.0	−25150	−25050
38.0	−23180	−24110	48.5	−25200	−25050
39.0	−23450	−24300	49.0	−25250	−25030
40.0	−23710	−24470	49.5	−25310	−25000
41.0	−23950	−24630	50.0	−25350	−24970
42.0	−24180	−24750	50.5	−25370	−24950
43.0	−24380	−24860	51.0	−25410	−24920
43.5	−24470	−24900	51.5	−25440	−24860
44.0	−24570	−24940	52.0	−25470	−24810
44.5	−24650	−24970	52.5	−25480	−24760
45.0	−24740	−25000	53.0	−25490	−24700
45.5	−24810	−25020	53.5	−−25510	−24650
46.0	−24890	−25050	54.0	−25510	−24560
46.5	−24960	−25050	55.0	−25520	−24400
47.0	−25040	−25050			

通过拟合分析，得到的 Ti-45at%Al 合金 1780K 固相与液相自由能。

固相自由能密度拟合方程：
$$f^S(c,T)=100595c^4-186578c^3+239249c^2-143703c+4096 \tag{3.116}$$

液相自由能密度拟合方程：
$$f^L(c,T)=-92793c^4+175725c^3-38749c^2-54405c-4617.5 \tag{3.117}$$

上面两方程中 c 代表合金中 Al 成分。通过上述方法获得固、液自由能密度的表达方程后代入下面自由能密度方程：

$$f(c,\phi,T)=[(1-c)W_A+cW_B]g(\phi)+p(\phi)f^S(c,T)+[1-p(\phi)]f^L(c,T)$$

$$\tag{3.118}$$

上式对 ϕ 的偏微分，整理后得到相场方程为：

$$\frac{\partial \phi}{\partial t} = M\{\varepsilon^2 \nabla^2 \phi + \varepsilon\varepsilon'[\sin2\theta(\phi_{yy}-\phi_{xx})+2\cos2\theta\phi_{xy}] - \frac{1}{2}(\varepsilon'^2+\varepsilon\varepsilon'') \times$$

$$[2\sin2\theta\phi_{xy}-\nabla^2\phi-\cos2\theta(\phi_{yy}-\phi_{xx})]-f_\phi\} \qquad (3.119)$$

（2） Ti-45at% Al 合金溶质扩散方程

Ti-Al 二元合金溶质场方程如下：

$$\frac{\partial c}{\partial t} = \nabla[M_c c(1-c)\nabla f_c] \qquad (3.120)$$

$$\frac{\partial f}{\partial c} = (-W_A+W_B)g(\phi)+p(\phi)f_c^S+[1-p(\phi)]f_c^L \qquad (3.121)$$

式中，f_c^S、f_c^L 是固、液相自由能对 c 的偏微分。

（3）初始条件和边界条件

做无量纲化处理，$\bar{x}=x/\lambda$，$\bar{t}=t/(\lambda^2/D_L)$，$\bar{V}=V/(D_L/\lambda)$。计算域网格数为 1200×1200（即模拟区域为 $12\mu m \times 12\mu m$），初始晶核设置为一个网格数为 $R=10$ 的圆，取等步长 $\Delta x=\Delta y=1\times10^{-8}$m。温度为 1780K，各向异性强度系数取 0.05，扰动系数 ϖ 取 0.15，界面厚度 $\delta=3\Delta x$。在模拟区域的边界上，相场和浓度场均采用 Zero-Neumann 绝热边界条件，即：

$$\frac{\partial \phi}{\partial n} = \frac{\partial c}{\partial n} = 0 \qquad (3.122)$$

（4）材料热物性参数

根据 Thermo-Calc 计算得到 Ti-45at％Al 合金的热物性参数，如表 3.5 所示。

⊡ **表 3.5 Ti-45at%Al 合金热物性参数**

热物性参数	Ti-45at% Al	热物性参数	Ti-45at% Al
合金熔点温度 T_M/K	1858	液相溶质扩散系数 D_L/(m²/s)	3×10^{-9}
摩尔体积 V_m/(m³/mol)	2.34×10^{-5}	固相溶质扩散系数 D_S/(m²/s)	1×10^{-12}
平衡分配系数 k_0	0.8775	液相线斜率 m^e/(K/mol)	-1190.7

3.5.2 Ti-45at%Al 合金等温凝固枝晶生长的模拟

图 3.30 为 Ti-45at％Al 合金 1780K 等温凝固自由枝晶生长的显微模拟，其中（a）、（b）和（c）为凝固时间分别为 0.2ms、0.3ms 和 0.5ms 时的枝晶形貌，（d）、（e）和（f）为相应的溶质场，（g）、（h）和（i）为枝晶偏析。可以看出，枝晶长成具有发达侧枝的对称结构，同时溶质场的分布也近似呈对称分布。由于界面能各向异性的存在，一次枝晶有最大的生长速度，侧向分枝比较发达。当生长着的二次枝晶臂相遇时，产生枝晶臂之间的竞争生长。在主枝晶臂附近的二次枝晶臂互相竞争生长，有一些二次枝晶臂充分生长并保留了下来；只有部分二次枝晶能够继续生长并形成三次枝晶臂。随着凝固时间的增加，枝晶逐渐长大。在枝晶生长初期主要是初生枝晶臂的长大，并逐步萌发侧向分枝，形成二次或更高次枝晶臂。之后主要是侧向分枝的生长，侧向分枝相互之间进行竞争生长，逐渐

长大、变粗。枝晶之间的浓度高于固相内的浓度，在枝晶根部形成高浓度的富集区域。一次枝晶臂中轴线上具有低的浓度分布，枝晶尖端溶质浓度最高。

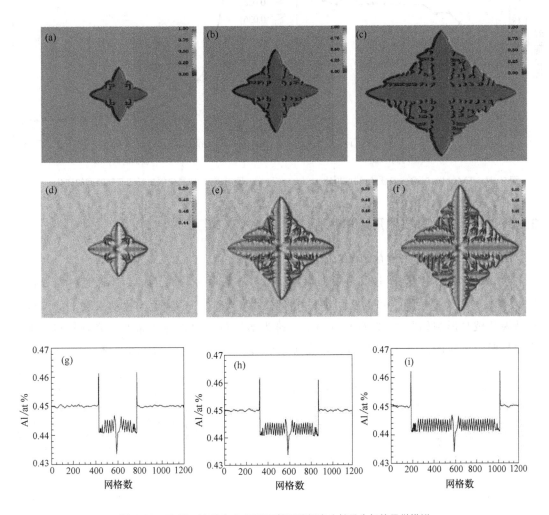

图 3.30　Ti-45at%Al 合金 1780K 等温凝固自由枝晶生长的显微模拟

（a）、（b）和（c）为凝固时间分别为 0.2ms、0.3ms 和 0.5ms 时的枝晶形貌

（d）、（e）和（f）为相应的溶质场；（g）、（h）和（i）为枝晶偏析

图 3.31 为 Ti-45at％Al 合金溶质 Al 的偏析比，由图可知：在凝固初期，枝晶生长速度快，溶质也迅速向液相扩散，从而溶质浓度的偏析比急剧增大；当凝固进行到一定时间后溶质扩散趋于稳定，偏析比的值也趋于稳定。图 3.32 为 Ti-45at％Al 合金在 1780K 等温凝固时枝晶生长过程中枝晶尖端生长速度随时间的变化。由图中可以看出，在凝固的初始阶段枝晶以较快的速度生长。随着枝晶的生长，发生溶质再分配并富集在固液界面，导致枝晶前沿的浓度增加，固液界面浓度的增加将导致尖端生长速度的下降，最后达到一个稳态值，表明此时凝固析出扩散到界面前沿的溶质量与从固液界面扩散到液相中的溶质量基本达到了平衡。枝晶尖端的生长速度逐渐趋于收敛，枝晶尖端进入稳态。

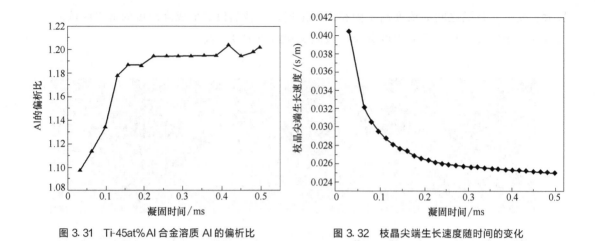

图 3.31 Ti-45at%Al 合金溶质 Al 的偏析比　　　图 3.32 枝晶尖端生长速度随时间的变化

3.5.3 相场参数对枝晶形貌的影响

（1）扰动对枝晶形貌的影响

图 3.33 为扰动强度对枝晶生长形貌和溶质分布影响的模拟结果。计算时各向异性系数取 0.03，界面厚度取 3 倍的空间步长，凝固时间为 0.38ms，不同扰动系数下的浓度分布结果及枝晶形貌如图 3.33（a）～（c），上排为溶质场，中排为枝晶主干溶质分布，下排为枝晶形貌。从图（a）中可以看出，当扰动强度为 0 时，除了枝晶根部有分支外，枝晶

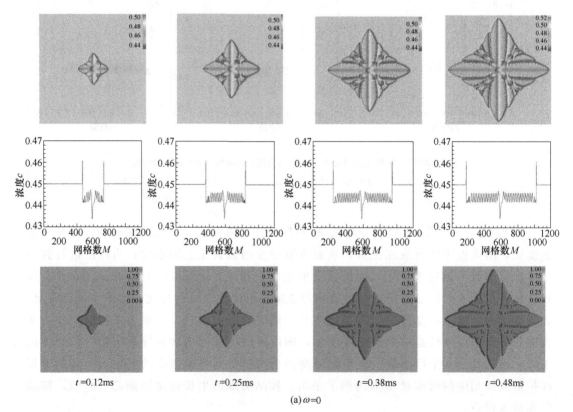

(a) $\omega = 0$

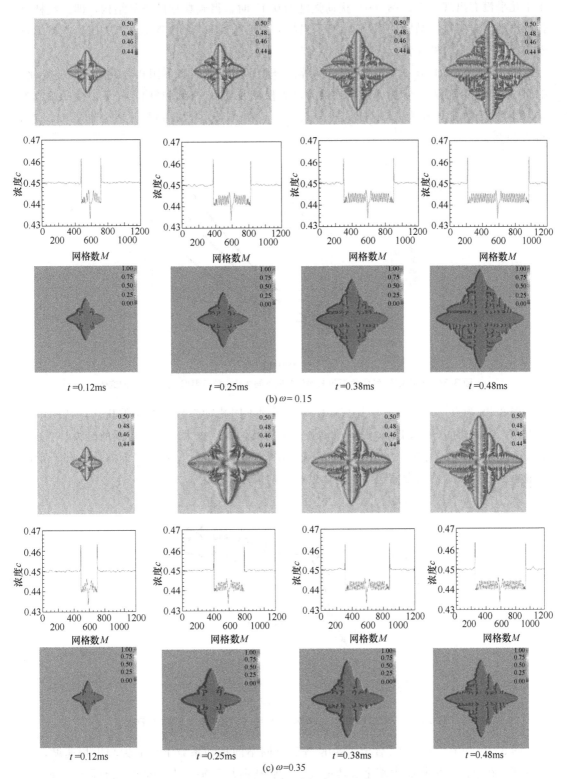

图 3.33　Ti-45at%Al 合金 1780K 等温凝固不同扰动强度下的溶质场和枝晶形貌

各项上排为溶质场，中排为枝晶主干溶质分布，下排为枝晶形貌

主干几乎没有出现分支；图（b）扰动强度为 0.15 时，得到典型的枝晶结构，即二次枝晶臂和出现明显三次枝晶臂；图（c）所示当扰动强度达到 0.35 时会发现二次枝晶臂粗大且没出现明显的三次枝晶臂。

图 3.34 为 Ti-45at％Al 合金 1780K 等温凝固不同扰动系数下固相分数随时间的变化。由图中曲线可以看到随着扰动系数的增大，固相分数减小。相同凝固时间下，扰动系数为 $\omega=0$ 固相分数比扰动为 0.35 的固相分数要大，在 0.4ms 时的固相分数分别为 13.37％ 和 7.15％。

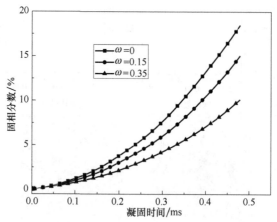

图 3.34　Ti-45at%Al 合金 1780K 等温凝固不同扰动系数下固相分数随时间的变化

图 3.35 为 Ti-45at％Al 合金 1780K 等温凝固不同扰动系数下溶质偏析比，从图中可以看到，凝固时间 $t<0.13$ms 时，扰动强度大的其偏析比也大。随着凝固的继续，当 $t>0.13$ms 后，偏析比与扰动大小成反比。随着凝固的继续进行，固液界面溶质也在不断地向液相区域扩散，使浓度值趋于稳定，偏析比的值趋于稳定。

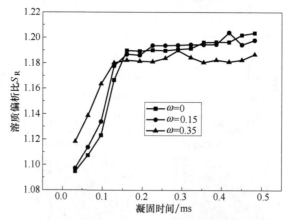

图 3.35　Ti-45at%Al 合金 1780K 等温凝固不同扰动系数下溶质偏析比

图 3.36 为 Ti-45at％Al 合金 1780K 等温凝固不同扰动系数下枝晶尖端生长速度，可以看到，在凝固初期枝晶尖端生长速度大，之后渐渐趋于平衡态。随着扰动强度的增加，尖端生长速度降低，无扰动强度加入时要远大于扰动强度为 0.35 的尖端生长速度。枝晶生长初期，扰动越大，溶质偏析越大。随着凝固时间的增加，溶质偏析基本一致，并发现

一个有趣的现象：对于 Ti-45at％Al 合金 1780K 等温凝固时，随着扰动强度的增加，枝晶尖端生长速度反而减小。由此得出，扰动可以促进枝晶二次或三次枝晶臂的形成，但是扰动强度太大会严重影响枝晶生长速度且枝晶形貌发生畸变。

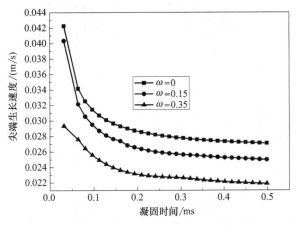

图 3.36　Ti-45at％Al 合金 1780K 等温凝固不同扰动系数下枝晶尖端生长速度

（2）各向异性强度对枝晶形貌的影响

由于固液界面能和生长动力学等各向异性的存在，枝晶将沿着与热流方向最接近的优先结晶方向生长。各向异性系数表示界面表面张力、界面厚度及界面动力学各向异性的程度。在其他参数不变的情况下，图 3.37 所示是各向异性强度取不同值时枝晶生长形貌和溶质分布的模拟结果，图中上排为溶质场，中排为枝晶主干溶质分布，下排为枝晶形貌。

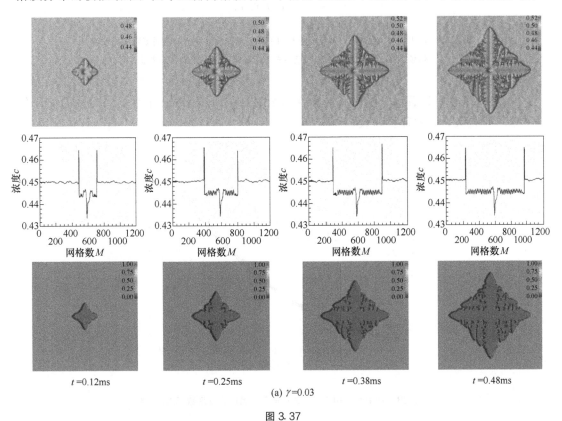

图 3.37

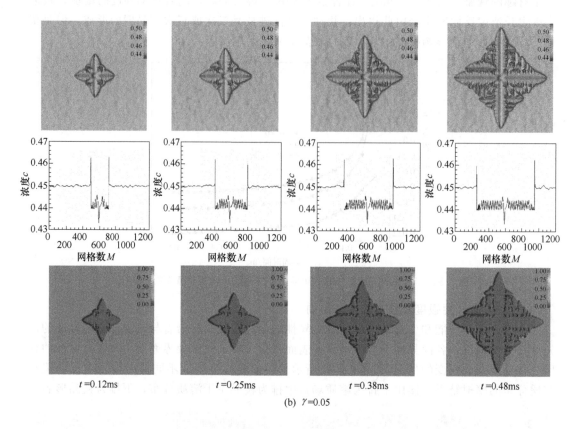

(b) $\gamma = 0.05$

图 3.37 Ti-45at%Al 合金 1780K 等温凝固不同各向异性强度下的溶质场和枝晶形貌

各项上排为溶质场，中排为枝晶主干溶质分布，下排为枝晶形貌

由图 3.38 中可以看出，不同各向异性系数对 Ti-45at%Al 合金在不同时刻的固相分数影响不是很大，基本保持一致。

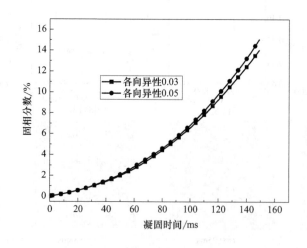

图 3.38 Ti-45at%Al 合金等温凝固不同各向异性系数下固相分数

由图 3.39 中可以看出，各向异性 $\gamma = 0.03$ 要比 $\gamma = 0.05$ 时的枝晶尖端半径小，随着各向异性系数的增大，主枝变得细长，主枝两侧的侧枝变得更发达，但是两轴之间的侧枝则是减小趋势。这种现象是二次枝晶相互竞争的结果。因此只有合理的各向异性才能真实模拟枝晶生长。

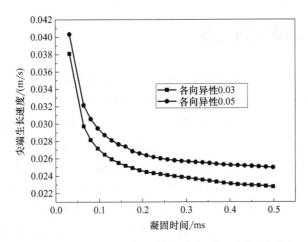

图 3.39   Ti-45at%Al 合金不同各向异性系数下尖端生长速度

从图中可以看到，随着各向异性的增大，尖端生长速度较大。其主要原因在于各向异性强度越大，主干枝晶越细，尖端半径越小，枝晶尖端界面溶质向液相扩散越容易，尖端生长速度就越快。随着凝固时间的增加，枝晶产生更多二次臂或三次臂，二次枝晶臂之间相互竞争生长，阻碍溶质向液相扩散，并形成一定的溶质偏析，溶质扩散变慢，枝晶生长速度减缓，最终达到一个稳定值。

图 3.40 为 Ti-45at% Al 合金 1780K 等温凝固不同各向异性强度下溶质偏析比。从图中可以看出，在枝晶生长初期偏析比比较大且有一定的波动。随着凝固时间的增加，溶质偏析趋于一个稳定值。这一现象的主要原因在于凝固初期，由于热过冷度的影响，导致枝晶前沿的浓度迅速增加，发生溶质再分配并富集在固液界面，加之各向异性在优先生长方向生长，生长速度快，产生二次枝晶臂，溶质的扩散受到二次晶臂的阻碍，不易向液相中扩散，形成区域溶质富集，随之产生较大溶

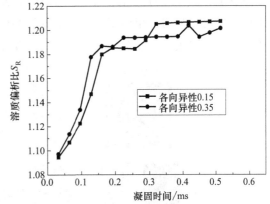

图 3.40   Ti-45at%Al 合金 1780K 等温凝固不同各向异性强度下溶质偏析比

质偏析。各向异性系数的增大，尖端生长速度较快，主枝两侧的侧枝变得更发达，相同时间形成更多的二次臂，所以初期溶质偏析较大。

3.5.4   小结

通常的相场模型为理想溶液或稀释溶液模型，Ti-45at% Al 合金溶液为复杂合金溶液，

利用 Thermo-Calc 计算了 Ti-Al 合金自由能函数，建立了 Ti-45at％Al 合金凝固枝晶生长相场模型，模拟了 Ti-45at％Al 合金 1780K 等温凝固过程枝晶生长，获得了具有二次分枝的枝晶形貌，再现了 Ti-45at％Al 合金凝固过程枝晶生长过程及枝晶臂之间的竞争生长以及枝晶生长过程中的溶质分布和微观偏析。

3.6 相场模拟的前景与挑战

相场法在凝固微观组织模拟中获得了成功的应用，特别是枝晶生长的模拟。枝晶生长是凝固组织形成的中心问题，也是相场法开始应用于凝固微观组织模拟的首要问题。把相场方程与宏观场（温度场、溶质场、速度场、应力场等）耦合，枝晶生长过程由相场变量来确定，通过求解相场控制方程得到每一时刻下相场变量的值。由于相场变量可以明确每个位置的状态是液相还是固相，所以根据相场变量的值可以得到枝晶的形貌，从而获得枝晶的演化过程，再现枝晶的形貌，包括一次臂、二次臂或三次臂，研究扰动、各向异性、成分过冷等对枝晶生长的影响。自 20 世纪 90 年代以来，相场法在凝固微观组织模拟研究中得到了广泛应用，模拟对象从纯物质到多元合金，从单相合金到多相合金，从简单条件到耦合多种外加影响因素的凝固过程；模拟区域逐渐由小到大，由二维拓展到三维；模拟结果由定性分析到定量预测。

目前，相场模拟发展得比较成熟，一方面定量模拟得到的界面迁移速率和形貌特征参数与凝固理论吻合较好；另一方面借助于原位实时观察的精确实验数据与相场模拟直接定量比较，有效地研究凝固过程中的组织演化。材料的使用性能很大程度上由材料的微观组织结构决定，而理想的微观组织结构可通过控制成形工艺实现。在非平衡凝固过程中，枝晶生长难以直接观测，相场模拟可有效预测晶体结构随工艺变化的动态演化规律。相场法广泛应用于不同领域，如图 3.41 所示[64]。前面只是相场法模拟凝固过程枝晶生长最基础

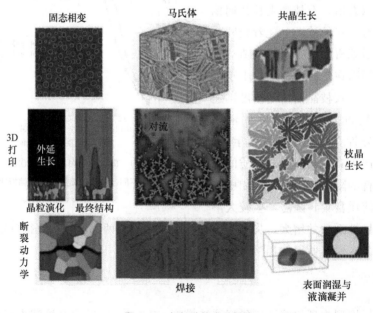

图 3.41 相场法的应用领域

的工作，随着模型和计算能力的发展，相场在现代制造工艺和技术中发挥作用。

最近，Damien Tourret 等[65] 在材料科学进展（Progress in Materials Science）在线发表了文章关于微观结构演化的相场模拟新应用、观点和挑战。认为相场在凝固模拟中的一个主要成功是提供了一种定量模拟工具来讨论经典凝固理论并解决枝晶生长领域中长期存在的问题。例如，相场模拟允许验证微观可解性理论，并研究了三维枝晶尖端的形态。相场定量模拟的结果与实验测量结果进行了比较，例如铸造 Al-Cu 锭中二次枝晶臂间距的尺度定律。从动力学效应来看，枝晶生长速度与过冷度的关系利用界面能和分子动力学（molecule dynamics，MD）计算参数的定量模型进行了预测，并且与 Ni 在高过冷度下凝固实验数据一致。相场法在凝固中的两个重要应用说明了相场模拟能够定量预测和解释凝固实验现象。

3.6.1 枝晶生长方向的转变

通过凝固实验和定量相场模拟相结合分析 Al-Zn 合金凝固过程枝晶生长方向的转变。凝固实验表明，随着合金中 Zn 含量的增加，枝晶择优生长方向从〈100〉到〈110〉连续转变。不同冷却速率下的转变是一致的，因此认为是界面能的影响而不是动力学的影响，这种解释得到了定量相场模拟的验证。利用固液界面自由能各向异性的扩展表达式，相场模拟显示各向异性参数的微小变化足以触发等轴晶和柱状晶生长中的这种取向转变。分子动力学模拟表明，合金化可能会引起界面自由能各向异性的变化。

3.6.2 微重力凝固实验

国际空间站定向凝固实验通过原位成像显示了一个意想不到的胞状晶振荡行为，而地面实验中没有这种振荡现象，用定量相场模拟再现了胞状晶的振荡行为，模拟了在这种振荡状态下三维胞状晶尖端形状的演化，这有助于理解三维晶粒边界的形成、稳定以及胞状晶和枝晶微观组织选择取向性排列。

相场模型是集成计算材料工程框架内未来发展的核心，目标是将可用的建模工具集成到能够将工程材料的加工工艺、结构、特性和性能连起来的多尺度策略中。相场模拟的前景与挑战主要有：

（1）定量模拟参数的识别

相场模型的关键能量泛函取决于控制不同能量贡献（例如化学、界面、弹性变形）及 Cahn-Hilliard 和 Allen-Cahn 方程中的原子和界面迁移率的诸多参数。微观组织演化的定量预测需要仔细识别参数和本构关系，可能时要通过实验获得，但通常来自其他模拟方法。相场法和相图计算（CalPhaD）方法之间存在自然的联系，因为两者都依赖于自由能的描述，并且这两种方法已在不同应用中成功耦合。然而，CalPhaD 方法依赖于实验、理论和/或计算数据库，新合金可能缺少数据，或者界面特性可能不存在，因此需要原子和/或第一原理模拟。例如，团簇展开（cluster expansion）法结合统计力学可用于预测合金的相图和不同相（包括亚稳相）的吉布斯自由能。可以使用密度泛函理论计算不同晶体取向的基体和析出相之间的界面能，并且可以通过分子动力学模拟确定晶界能量和迁移率。此外，分子动力学模拟也可以确定凝固的固液界面能及其动力学系数。

（2）计算成本和加速策略

① 算法和并行化　相场法的一个重要限制是它的计算成本，这就限制了其应用的长度和时间尺度。这种限制在某种程度上可以通过数值技术（例如并行化、自适应网格划分、隐式时间步长或谱方法）来解决，开发新的模型在保证准确的同时使用宽扩散界面（或更粗的数值网格）。

② 新模型方程　新模型方程的空间离散比通常需要的要粗糙。对于合金，溶质反捕获概念已扩展到任意扩散率。新模型方程在守恒和非守恒场之间引入了动力学交叉耦合，为具有有限扩散的相变定量模拟开辟了道路。

③ 与机器学习集成　机器学习在材料科学应用中呈指数级增长，应用范围很广，从文本挖掘到求解偏微分方程。相场模拟可用作高通量合成训练数据的工具，或作为模型来集成机器学习的功能和参数。或者机器学习也可以用于快速和近似的方式直接求解偏微分方程。机器学习与相场模型结合使用，机器学习在改进相场模型方面有巨大的潜力，例如相图预测、精确的原子间相互作用势的开发和自动多维微观组织分析。

（3）形核

形核对微观组织的选择至关重要，但用相场法进行定量模拟和预测性处理仍具有挑战性。中尺度（mesoscale）的描述形核依赖于近似值，例如，可使用满足涨落-耗散定律的随机噪声，但通常需要非物理的强噪声来促进形核的发生。

（4）快速凝固

当固液界面远离平衡时，金属增材制造的出现引起了人们对快速凝固定量模拟的兴趣。快速凝固的一个重要结果是溶质捕获，它源于界面上化学势的跃迁。利用实际的界面宽度，通过自由能泛函中的溶质梯度项，或者通过界面的溶质通量引入弛豫条件，传统的相场模拟可以很好地预测溶质捕获。由于被捕获的溶质量取决于界面厚度，使用扩大界面宽度对偏离平衡和由此产生的溶质捕获进行模拟仍然是一个挑战。

（5）微观组织演化与细观力学耦合

另一个重要的发展领域是应用相场模型模拟与热机械加工相关的微观组织变化的耦合，例如由温度和机械应力引起的晶粒破碎和再结晶。将微观组织演化的相场模型与快速傅里叶变换（fast Fourier transform，FFT）求解的有限元耦合用于机械变形，是实现具有特定应用性能的新型微观组织"虚拟加工"和"虚拟设计"的有效途径。这种耦合需要仔细分析与微观组织演化和机械应力应用相关的时间尺度差异。通过耦合晶体塑性和相场模型，开发出了实现这些目标的有趣方法。

（6）多尺度策略和升级

从中尺度向上，相场法在理想长度尺度下运行，模拟微观组织代表性体积单元（representative volume elements，RVE），以便与更高长度尺度上模型建立连接。升级策略包括直接计算物理参数（如枝晶阵列的特定界面面积和渗透率）；为粗比例模型校准数值参数（如应用于元胞自动机的柱状晶的竞争生长）；代表性体积单元的取样和统计分析（如应用于铝锂合金中析出物 δ' 的沉淀和生长）。

（7）计算基准

随着相场模拟成为标准的计算工程工具，标准基准问题的开发成为整个相场法领域的紧迫问题。这对于测试计算效率、保证模拟的准确性和再现性很重要。

（8）前景和新应用

相场法的通用性和易于实现性使其成为模拟"中尺度"微观组织形成和演化的理想工具。预计相场法将在先进制造模拟中连接长度和时间尺度发挥重要作用，例如在金属增材制造过程中，或新型材料微观组织演化中。相场法还提供了一种很好的工具来预测和控制微米/纳米材料发展，例如用于生物医学或磁性复合材料制造的纳米级模板共晶或冰晶模板结构。此外，相场模拟可以帮助理解具有优异特性的复杂分层生物材料的形成。

参考文献

［1］ Karma A，Rappel W J. Phase-field method for computationally efficient modeling of solidification with arbitrary interface kinetics ［J］. Physical Review E Statistical Physics Plasmas Fluids & Related Interdisciplinary Topics，1996，53（4）：R3017-R3020.

［2］ Machiko Ode，Jae Sang Lee，Toshio Suzuki，et al. Numerical simulation of interface shape around an insoluble particle for Fe-C alloy using a phase-field model ［J］. ISIJ International，1999，39（2）：149-153.

［3］ Jae Sang Lee，Toshio Suzuki. Numerical simulation of isothermal dendritic growth by phase-field model ［J］. ISIJ International，1999，39（3）：246-252.

［4］ Mccarthy J F. Phase diagram effects phase field models of dendritic growth in binary alloys ［J］. Acta mater，1997，45（10）：4077-4091.

［5］ Chen L Q. Phase-field models for microstructure evolution ［J］. Annual Review of Materials Research，2002，32（32）：113-140.

［6］ Kobayashi R，Warren J A，Carter W C. Vector-valued phase field model for crystallization and grain boundary formation ［J］. Physica D Nonlinear Phenomena，1998，119（3）：415-423.

［7］ 冯端，等. 金属物理学 ［M］. 北京：科学出版社，1990.

［8］ 徐祖耀. 相变原理 ［M］. 北京：科学出版社，1998.

［9］ 汪志诚. 热力学·统计物理 ［M］. 北京：高等教育出版社，2003.

［10］ 杨弋涛. 金属凝固过程数值模拟及应用 ［M］. 北京：化学工业出版社，2009.

［11］ Murray B T，Wheeler A A，Glicksman M E. Simulations of experimentally observed dendritic growth behavior using a phase-field model ［J］. Journal of Crystal Growth，1996，154（3-4）：386-400.

［12］ Wang S L，Sekerka R F，Wheeler A A，et al. Thermodynamically-consistent phase-field models for solidification ［J］. Physica D Nonlinear Phenomena，1993，69（1）：189-200.

［13］ 张玉妥，李殿中，李依依，等. 用相场法模拟纯物质等轴枝晶生长 ［J］. 金属学报，2000，6：589-591.

［14］ 于艳梅. 过冷熔体中枝晶生长的相场法数值模拟 ［D］. 西安：西北工业大学，2002.

［15］ 张光跃. 相场方法模拟铝合金微观组织的研究 ［D］. 北京：清华大学，2002.

［16］ 袁训锋. 强制对流影响凝固微观组织的相场法研究 ［D］. 兰州：兰州理工大学，2011.

［17］ 王永彪. 铸造镁稀土合金凝固组织的相场法模拟和同步辐射表征 ［D］. 上海：上海交通大学，2017.

［18］ Kobayashi R. Modeling and numerical simulations of dendritic crystal growth ［J］. Physica D Nonlinear Phenomena，1993，63：410-423.

［19］ Wheeler A A，Aahmad N，Boettinger W J，et al. Recent developments in phase-field models of solidification ［J］. Advances in Space Research，1995，16（7）：163-172.

［20］ Wheeler A A，Murray B T，Schaefer R J. Computation of dendrites using a phase field model ［J］. Physica D Nonlinear Phenomena，1993，66（1-2）：243-262.

［21］ Karma A，Rappel W J. Quantitative phase-field modeling of dendritic growth in two and three dimensions ［J］. Physical Review E Statistical Physics Plasmas Fluids & Related Interdisciplinary Topics，1998，57（4）：4323-4349.

［22］ Karma A，Lee Y H，Plapp M. Three-dimensional dendrite-tip morphology at low undercooling ［J］. Physical Review E Statistical Physics Plasmas Fluids & Related Interdisciplinary Topics，2000，61（4）：3996.

［23］ Wheeler A A，Boettinger W J，Mcfadden G B. Phase-field model for isothermal phase transitions in binary alloys

[J]. Physical Review A, 1992, 45 (10): 7424-7439.

[24] Wheeler A A. Phase-field model of solute trapping during solidification [J]. Physical Review E Statistical Physics Plasmas Fluids & Related Interdisciplinary Topics, 1993, 47 (3): 1893-1909.

[25] Ahmad N A, Wheeler A A, Boettinger W J, et al. Solute trapping and solute drag in a phase-field model of rapid solidification [J]. Physical Review E, 1998, 58 (3): 3436-3450.

[26] Conti M. Solute trapping in directional solidification at high speed: A one-dimensional study with the phase-field model [J]. Physical Review E, 1997, 56 (3): 3717-3720.

[27] Warren J A, Boettinger W J. Prediction of dendritic growth and microsegregation patterns in a binary alloy using the phase-field method [J]. Acta Metallurgica et Materialia, 1995, 43 (2): 689-703.

[28] Kim S G, Kim W T, Suzuki T. Phase-field model for binary alloys [J]. Physical Review E Statistical Physics Plasmas Fluids & Related Interdisciplinary Topics, 1999, 60 (6 Pt. 2): 7186-7197.

[29] Almgren R F. Second-order phase field asymptotics for unequal conductivities [J]. Siam Journal on Applied Mathematics, 1999, 59 (6): 2086-2107.

[30] Karma A. Phase-field formulation for quantitative modeling of alloy solidification [J]. Physical Review Letters, 2001, 87 (11): 115701-115706.

[31] Ramirez J C, Beckermann C. Examination of binary alloy free dendritic growth theories with a phase-field model [J]. Acta Materialia, 2005, 53 (6): 1721-1736.

[32] Kim S G. A phase-field model with antitrapping current for multicomponent alloys with arbitrary thermodynamic properties [J]. Acta Materialia, 2007, 55 (13): 4391-4399.

[33] Ohno M, Matsuura K. Quantitative phase-field modeling for dilute alloy solidification involving diffusion in the solid [J]. Physical Review E Statistical Nonlinear & Soft Matter Physics, 2009, 79 (3 Pt 1): 031603.

[34] Beckermann C, Diepers H, Steinbach I, et al. Modeing melt convection in phase-field simulatin of solidification [J]. Journal of Computational Physics, 1999, 154: 3663-3678.

[35] Tönhardt R, Amberg G. Phase-field simulation of dendritic growth in a shear flow [J]. Journal of Crystal Growth, 1998, 194: 406-425.

[36] Nestler B, Wheeler A A. A multi-phase-field model of eutectic and peritectic alloys: numerical simulation of growth structures [J]. Physica D Nonlinear Phenomena, 2000, 138 (1-2): 114-133.

[37] Nestler B, Wheeler A A, Ratke L, et al. Phase-field model for solidification of a monotectic alloy with convection [J]. Physica D Nonlinear Phenomena, 2000, 141: 133-154.

[38] Emmerich H. Phase-field modelling for metals and colloids and nucleation therein-an overview [J]. Journal of Physics Condensed Matter, 2009, 21: 464103.

[39] Nestler, Wheeler A A. A multi-phase-field model of eutectic and peritectic alloys: numerical simulation of growth structures [J]. Physica D, 2000, 138: 114-133.

[40] Gránásy L, Pusztai T, Chem J. Crystal nucleation and growth in binary phase-field theory [J]. Journal of Crystal Growth, 2002, (237-239): 1813-1817.

[41] Chen Q, Ma N, Wu K, et al. Quantitative phase field modeling of diffusion-controlled precipitate growth and dissolution in Ti-Al-V [J]. Scripta Materialia. 2004, 50: 471-486.

[42] Böttger B, Schaffnit I, Eicken J. Phase field simulation of equiaxed solidification in technical alloys [J]. Acta Materialia, 2006, 54 (10): 2697-2711.

[43] Minamoto S, Nomoto S, Hamaya A. Microstructure simulation for solidification of Magnesium-Zinc-Yttrium alloy by multi-phase-field method coupled with Calphad database [J]. ISIJ International, 2010, 50 (12): 1914-1919.

[44] Sun Qiang, Zhang Yutuo, Cui Haixia, et al. Phase field modeling of multiple dendritic growth of Al-Si binary alloy under isothermal solidification. China Foundry, 2008, 5: 265-267.

[45] 孙强. 凝固过程微观组织的相场法模拟 [D]. 沈阳: 沈阳理工大学, 2009.

[46] 崔海霞. 凝固过程枝晶生长与微观偏析的相场法模拟 [D]. 沈阳: 沈阳理工大学, 2009.

[47] 胡春青. TiAl 合金枝晶凝固的相场法模拟 [D]. 沈阳: 沈阳理工大学, 2011.

[48] 胡春青, 张玉妥, 李东辉, 等. 等温凝固过程中枝晶生长与枝晶熟化的相场法模拟 [J]. 沈阳理工大学学报, 2010, 29 (4): 51-54.

[49] 刘小刚. Al-Cu 合金等温凝固的相场法模拟 [D]. 沈阳: 沈阳理工大学, 2002.

[50] 张玉妥. 用相场法模拟二维枝晶生长 [D]. 沈阳: 东北大学, 2000.

[51] 邱万里. 相场法模拟 Al-Cu 合金枝晶生长的参数优化 [D]. 武汉: 华中科技大学, 2005.

［52］ 赵达文. 过冷熔体凝固的相场法自适应有限元模拟［D］. 西安：西北工业大学，2005.

［53］ 杜立飞. 复杂条件下金属凝固过程的相场方法模拟研究［D］. 西安：西北工业大学，2014.

［54］ 贾伟建. 凝固微观组织相场法模拟［D］. 兰州：兰州理工大学，2005.

［55］ 丁恒敏. 铸造合金的微观组织模拟几种方法关键技术的研究［D］. 武汉：华中科技大学，2005.

［56］ 肖荣振. 二元合金定向凝固的相场法数值模拟［D］. 兰州：兰州理工大学，2006.

［57］ 冯力. 多元合金凝固微观组织的相场法模拟研究［D］. 兰州：兰州理工大学，2009.

［58］ 肖荣振. 金属过冷熔体凝固过程微观组织及凝固特性的相场法表征［D］. 兰州：兰州理工大学，2013.

［59］ 田卫星. 纯金属凝固过程枝晶生长的相场法研究［D］. 济南：山东大学，2021.

［60］ 李新中，苏彦庆，郭景杰，等. Ti-45％Al合金界面形态及微观结构演化的相场模拟［J］. 中南大学学报（自然科学版），2006，37（5）：856-861.

［61］ 陈云，康秀红，肖纳敏，等. 多晶材料晶粒生长粗化过程的相场方法模拟［J］. 物理学报，2009，58：S124-S131.

［62］ 巩桐兆. 合金凝固组织大尺度定量相场模拟与原位观察［D］. 合肥：中国科学技术大学，2021.

［63］ Gong T Z, Chen Y, Li D Z, et al. Quantitative comparison of dendritic growth under forced flow between 2D and 3D phase-field simulation［J］. Int J Heat Mass Tran，2019，135：262-273.

［64］ 位明光. 轻量化汽车用Mg-Gd-Zn系合金微观组织定量调控的相场法研究［D］. 郑州：郑州轻工业大学，2021.

［65］ Damien Tourret，Hong Liub，Javier L Lorca. Phase-field modeling of microstructure evolution：Recent applications，perspectives and challenges［J］. Progress in Materials Science，2022，123：100810.

第 4 章

元胞自动机法模拟枝晶生长

4.1 元胞自动机模型的发展

从 Rappaz 和 Gandin 在 20 世纪 90 年代将元胞自动机用于模拟凝固组织形成开始，研究人员在此领域做了大量工作，发展了多种元胞自动机模型，模拟了不同合金晶粒组织、枝晶组织形成。模拟树枝晶生长的元胞自动机模型的核心部分是合金热力学、生长动力学计算、界面元胞固相体积分数计算。

（1）生长动力学计算

元胞自动机模型中计算固液界面生长速度的算法主要有两类：①应用解析模型；②应用固液界面处溶质守恒或能量守恒计算。

常用解析模型有 Sharp interface 模型和 KGT 模型。应用 Sharp interface 模型时，如果 μ 值在各个方向上相同，则晶体会长成球形。所以对于树枝晶生长，动力学系数 μ 依赖于结晶取向，可以乘以一个各向异性函数。μ 值还与温度有关，如果假定 μ 与温度无关，则应用 Sharp interface 模型只能模拟恒定、均匀温度场下的枝晶生长，对于冷却过程或者定向凝固过程则不适用。KGT 模型只适于固定过冷度下、枝晶稳态生长时尖端生长速度的计算，不适于计算尖端以外的界面生长速度。而实际凝固过程中，在达到稳态生长之前要经历非稳态生长过程，而且对于定向凝固过程，枝晶各个部分的过冷度是不同的，所以 KGT 模型不能用来计算整个枝晶界面的生长速度。比较合理的方法是根据固液界面处溶质或能量守恒关系计算固液界面生长速度。

（2）合金热力学计算

早期的 CA 模型基本上都是针对二元合金系发展起来的。用 CA 模型模拟二元合金凝固组织形成时，通常假设液相线斜率和平衡溶质分配系数为常数，固液界面成分可以由平衡相图得到。这些假设对一般二元合金凝固过程是可以接受的，但是对于三元或多元合金，液相线斜率和平衡溶质分配系数并不是常数，所以要准确计算固液界面溶质成分，必须耦合合金热力学计算。Wang 和 Lee 等[1] 模拟了高温合金定向凝固枝晶组织，但是模拟时将多元系简化为二元系。Zhu 等[2] 和戴挺等[3] 还用 MCA 模型模拟了多元合金凝固组织，模型中先用热力学软件 PanEngine 获得各个成分下的平衡液相线温度和平衡固相浓度，在进行 CA 模拟时，通过查表插值得到所需数据。Jarvis 等[4] 用 CA 模型与商业软件 Thermo-Calc 相结合，模拟了 Al-Cu-Mg 合金凝固过程的偏析。

多元合金系中，各组元的溶质扩散系数与温度和组元成分有关，对三元或多元合金凝固组织模拟的模型中，通常假设溶质扩散系数为常数或者只是温度的函数[2-6]，Zhang 等[7] 全耦合合金热力学计算模拟 Al-Cu-Mg 合金枝晶生长，在模型中考虑了溶质间相互作用对溶质扩散的影响。

（3）界面元胞固相体积分数计算

Rappaz 和 Gandin[8] 首先用二维 CA 模型研究晶粒组织的形成及生长过程，计算了晶粒在模具壁或液体内部的异质形核，再现了柱状晶到等轴晶的转变（CET）过程和柱状晶的竞争生长，并得到了实验验证，如图 4.1 所示。

图 4.1　CA 法模拟 Al-7 wt%Si 合金等温凝固组织

图 4.2 为 Rappaz 等发展的二维四边形算法示意图[8]。在二维平面上，将计算区域划分为规则的网格单元，标记每个单元的最相邻单元。A 是网格单元的一个形核节点，晶粒的择优生长方向与 x 轴夹角为 θ（可随机选取为 $45°<θ<45°$）。在 t 时刻，晶粒半径 $L(t)$ 为枝晶尖端长大速度在整个时间段上的积分，即：

$$L(t) = \int_N v[\Delta T(t')]\, \mathrm{d}t' \qquad (4.1)$$

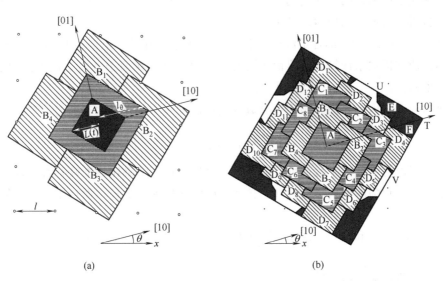

(a) (b)

图 4.2　二维四边形算法示意图

二维四边形算法的缺点是随着凝固的进行，枝晶尖端会偏离初始生长方向，需要时对其进行修正，见图 4.2（b）。而且这一算法只适用于模拟纯金属等温凝固过程。Gandin 等[9] 对其进行了改进，将 CA 模型与有限元方法（FEM）耦合起来而建立了宏观-微观的元胞自动机模型（FE-CA 耦合模型），通过用有限元方法计算宏观的热传输，模拟了二维不均匀温度场中晶粒组织形成和柱状晶竞争生长及 CET 转变。并与商业软件 3-Mos 相结合[10]，模拟了定向凝固涡轮叶片、连铸杆件等铸件的晶粒结构及激光表面重熔凝固组织。

Spittle 等[11,12] 建立了 CA-FD 模型，假设每个元胞具有两种状态——固态或液态，而在界面处是步进的。后来 See 等[13] 应用连续变量前沿跟踪法，使各个元胞内固相分数平滑发展。在此基础上，Dong 和 Lee[14] 改进了偏心四边形算法，加入了晶体取向的影响，用 CA-FD 模型模拟枝晶低速生长，得到了与以前分析模型一致的结果，之前还模拟了 Al-3 wt％Cu 合金和镍基高温合金定向凝固时的 CET 转变[15]。

Zhu 等[2,16-25] 发展了一个改进的元胞自动机模型（MCA），通过引入与邻近元胞状态有关的几何因子 G''，建立了界面元胞固相分数变化率与枝晶生长速度的关系：

$$\frac{\partial f_S}{\partial t}=G''\frac{v_n}{\Delta s} \tag{4.2}$$

$$G''=b_0\left(\sum_{m=1}^{4}S_m^{\mathrm{I}}+\frac{1}{\sqrt{2}}\sum_{m=1}^{4}S_m^{\mathrm{II}}\right) \tag{4.3}$$

式中，Δs 为元胞尺寸；b_0 为经验系数；S_m^{I} 和 S_m^{II} 表示近邻和次近邻元胞状态：

$$S_m^{\mathrm{I}},S_m^{\mathrm{II}}=\begin{cases}0(f_S<1)\\1(f_S\geqslant1)\end{cases} \tag{4.4}$$

Zhu 等[16,18,19,21,22] 用 MCA 模型，计算了液相和固相的浓度场，考虑了曲率过冷和界面溶质再分配，模拟了自由等轴晶，定向凝固柱状晶组织。对 SCN-Actone、Al-Cu 和 Al-Si 系合金开展了模拟研究，模拟结果与实验结果相一致。同时他们用 MCA 模型成功地模拟了多相系统的规则、非规则共晶组织以及包晶转变组织。对过冷熔体中自由等轴晶生长的模拟得到类似相场模拟的结果。

1999 年，Nastac[26] 耦合了温度场和浓度场计算，模拟了单个枝晶和小型定向凝固组织，用溶质守恒关系计算固液界面生长速度。假定界面在两个方向上以平面向前移动，如图 4.3 所示。

每个时间步长内，界面元胞固相分数变化可通过两个方向上的速度值计算得到：

$$\Delta f_S=\frac{\Delta t}{\Delta x}\left(v_x+v_y-v_xv_y\frac{\Delta t}{\Delta x}\right) \tag{4.5}$$

只有当界面与坐标轴平行或垂直时，这种算法的计算结果比较准确，否则计算误差较大。该模型具有很强的网格各向异性，枝晶只能沿网格轴线生长，而且模拟结果与网格尺寸有关。

Beltran-Sanchez 和 Stefanescu[27] 改进了固相分数增量的计算方法，如图 4.4 所示。

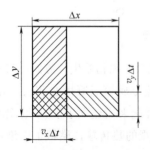

图 4.3　固液界面元胞固相分数计算示意图

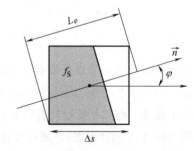

图 4.4　固相分数增量算法示意图

$$\Delta f_S = \frac{v_n \Delta t}{L_\varphi}[1 + \eta(1-2p)] \tag{4.6}$$

此算法需引入随机扰动 $[1 + \eta(1-2p)]$ 来模拟分枝结构。p 为 $0\sim1$ 的随机数，η 为扰动振幅，取 0.1，L_φ 如图 4.4 所示。

4.2 二维元胞自动机模型模拟枝晶生长

4.2.1 模型建立

假设液相中无对流，溶质传输由扩散控制，液相溶质扩散方程为：

$$\frac{\partial(\rho c_L)}{\partial t} = \nabla(\rho D_L \nabla c_L) + \rho(c_L^* - c_S^*)\frac{\partial f_S}{\partial t} \tag{4.7}$$

式中，c_L 为液相溶质浓度；ρ 为密度；等式右边第二项表示因固液界面推进而排出的溶质量；c_L^* 和 c_S^* 分别为固液界面处液相和固相溶质浓度；f_S 为界面元胞的固相分数。

假设固液界面处于平衡态，固液界面处液相溶质浓度 c_L^* 和固相溶质浓度 c_S^* 分别为：

$$c_L^* = c_0 + \frac{T^* - T^{eq} + \overline{\Gamma K}f(\varphi,\theta_0)}{m_L} \tag{4.8}$$

$$c_S^* = k_0 c_L^* \tag{4.9}$$

$$\varphi = \arccos\left[\frac{\partial f_S}{\partial x}\bigg/\sqrt{\left(\frac{\partial f_S}{\partial x}\right)^2 + \left(\frac{\partial f_S}{\partial y}\right)^2}\right] \tag{4.10}$$

$$f(\varphi,\theta_0) = 1 - 15\varepsilon_4\cos4(\varphi - \theta_0) \tag{4.11}$$

$$\overline{K} = \frac{1}{\Delta s}\left[1 - \frac{2}{N+1}\left(f_S\sum_{k=1}^{N}f_S^k\right)\right] \tag{4.12}$$

式中，T^* 为固液界面温度；T^{eq} 为初始熔体液相线温度；$\overline{\Gamma}$ 为平均 Gibbs-Thomson 系数；$\overline{K}$ 为界面平均曲率[28]；$f(\varphi,\theta_0)$ 为各向异性函数[27]；θ_0 为择优生长方向与 x 轴的夹角；φ 为界面法向与 x 轴的夹角[27]，如图 4.5 所示；N 为邻近元胞数，取近邻和次近邻作为邻近元胞，$N=8$；f_S^k 为邻近元胞固相分数。

根据固液界面处溶质守恒计算界面法向速度 v_n[27]：

$$v_n = -D_L\frac{1}{c_L^*(1-k_0)}\times\frac{\partial c_L}{\partial\hat{n}}\bigg|_I \tag{4.13}$$

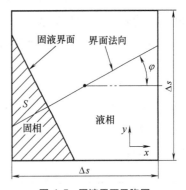

图 4.5 固液界面元胞固相分数算法示意图

式中，$\hat{n} = \nabla f_S/\|\nabla f_S\|$ 为界面法向量；I 表示界面。

固液界面元胞固相分数为：

$$f_S = S/S_{cell} \tag{4.14}$$

式中，S 为固液界面沿法向方向在界面元胞内扫过的面积，如图 4.5 所示；S_{cell} 为界面元胞的总面积。

界面处 x 方向上的溶质浓度梯度可用下式计算[29]：

$$\frac{\partial c_L^*}{\partial x}\bigg|_I = \left\{\left[\frac{3c_L^*(l,m)-4c_L(l-1,m)+c_L(l-2,m)}{2\Delta x}\right] + \right.$$

$$\left.\left[\frac{-3c_L^*(l,m)+4c_L(l+1,m)-c_L(l+2,m)}{2\Delta x}\right]\right\}F(f_1,f_2) \quad (4.15)$$

式中，l 和 m 为 x 和 y 方向上的元胞编号，函数 $F(f_1,f_2)$ 为考虑在固液界面两侧溶质浓度梯度的影响的函数[29]。当 $0<f_1$，$f_2\leqslant 1$ 时，函数值为1，否则函数值为0。在 x 方向上，在固液界面处液相一侧 $f_1=1-f_S(l-1,m)$，$f_2=1-f_S(l-2,m)$。在固液界面固相一侧 $f_1=f_S(l-1,m)$，$f_2=f_S(l-2,m)$。y 方向上溶质浓度梯度的表达式与 x 方向表达式相似。

计算步骤如下：① 计算浓度场；② 计算固液界面生长速度；③ 计算界面元胞的固相分数变化；④ 更新各元胞状态参数；⑤ 重复步骤①～④，直到计算结束。

4.2.2　模型验证

通常建立一个数值计算模型，需要对其模拟计算结果的准确性进行验证。验证的方法主要有两种：①将计算结果与经典解析模型计算结果对比；②将计算结果与实验结果对比。对于模拟树枝晶生长的数值计算模型，通常采用模型合金（如丁二腈-乙醇合金、Al-Cu 合金等），模拟其过冷熔体中的等轴晶生长，首先模拟得到的枝晶在形态上要与已知结论符合，包括枝晶尖端为抛物线状、分枝的形成、枝晶间溶质富集、枝晶根部缩颈等等。其次，验证模拟得到枝晶尖端半径、枝晶尖端生长速度与经典计算模型（如 LGK 模型）计算结果的吻合程度。

丁二腈-乙醇合金是一种典型的有机透明合金，由于其凝固特性与金属合金凝固特性极其相似，而且易于观察，因此常作为模型合金来研究枝晶生长。丁二腈-2.5wt%乙醇（SCN）的热物性参数见表 4.1。模拟区域为 $1mm\times 1mm$，元胞尺寸为 $0.6\mu m$。在计算区域中心放置一个晶核，冷却速率为 5K/s。模拟的单个枝晶形态及溶质浓度分布如图 4.6 所示。从图中可以看出枝晶尖端呈抛物线形，紧邻尖端比较光滑，随着距尖端距离增大，有二次分枝形成。图 4.6（b）为溶质浓度分布情况，从图中可以看出，由于枝晶生长排出溶质，使枝晶间液相溶质浓度增大，抑制了根部二次分枝的生长，离开根部的位置处二次分枝受到的抑制作用较小，所以可以充分生长。模拟的枝晶很好地再现了缩颈现象。

▣ 表 4.1　丁二腈-2.5wt%乙醇合金物性参数 [30]

符号	$\rho/(kg/m^3)$	$D_L/(m^2/s)$	m_L	$k_0/(K/wt\%)$	$\overline{\Gamma}/mK$	ε_4
值	988	1.27×10^{-9}	-3.6	0.044	6.3×10^{-8}	0.0055

图 4.7 显示了过冷度 $T=2K$ 时模拟的枝晶尖端生长速度随模拟时间的变化以及 LGK

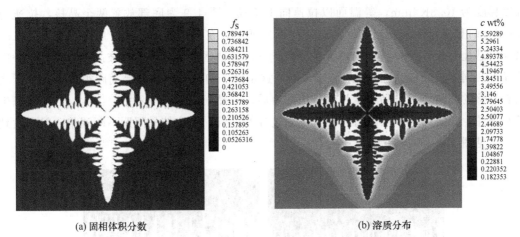

(a) 固相体积分数　　　　　　　　　　　　　　(b) 溶质分布

图 4.6　模拟的丁二腈-2.5 wt%乙醇二维树枝晶形态

模型预测的稳态生长速度。可见枝晶生长随时间逐渐达到稳态，计算的稳态枝晶尖端生长速度与 LGK 模型预测结果接近。图 4.8 显示了不同过冷度下模拟结果与 LGK 模型预测结果。不同过冷度时，模拟得到的枝晶尖端稳定生长速度与 LGK 模型预测结果吻合较好。

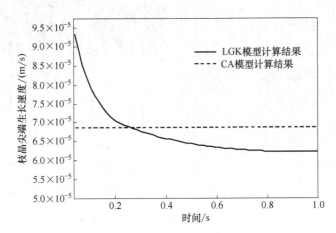

图 4.7　枝晶尖端生长速度与模拟时间的关系

　　以上结果验证了所建立的二维元胞自动机模型可以很好地再现枝晶形态，计算结果与经典模型计算结果吻合较好，该模型可以用来模拟树枝晶生长。

4.2.3　丁二腈-2.5wt%乙醇合金凝固组织模拟

（1）定向凝固组织的形成过程

　　模拟丁二腈-2.5wt%乙醇合金定向凝固组织的形成过程，模拟区域为 $3mm \times 4mm$，轴向

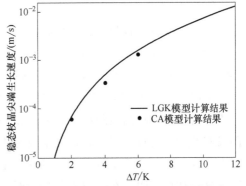

图 4.8　不同过冷度下 SCN-2.5wt%乙醇枝晶尖端稳态生长速度与 LGK 模型预测结果对比

温度梯度为 10.8K/mm，等温面以拉速向上移动。图 4.9 为底部放置两个晶核，拉速为 $50\mu m/s$ 时枝晶组织演化过程。如图 4.9（a）所示，在初始时刻，由于底部温度低，枝晶沿径向迅速生长，并在其上出现三次分枝，三次分枝逐渐生长成一次枝晶，与初始的一次枝晶干共同生长成枝晶列，见图 4.9（b）。这是由于初始的一次枝晶间距很大，在主干之间有足够的空间容纳枝晶干生长时排出的溶质，枝晶间成分过冷不大，因此，三次枝晶生长有条件生长成为一次枝晶臂。随着凝固过程的进行，一次枝晶间距不断调整，最后达到稳定，见图 4.9（c）～（g）。

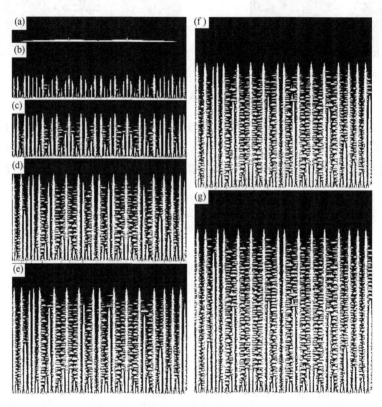

图 4.9 丁二腈-2.5wt%乙醇定向凝固组织的形成过程

温度梯度 10.8K/mm，凝固速度 $50\mu m/s$

（a）$t=6.5s$；（b）$t=14s$；（c）$t=21s$；（d）$t=41.1s$；（e）$t=47.3s$；（f）$t=52.3s$；（g）$t=59.8s$

（2）一次枝晶间距的历史相关性

凝固界面前沿熔体的温度梯度 $G=10.8K/mm$、冷却速率为 0.54K/s。模拟区域宽度（垂直于凝固方向）为 3mm。模拟不同初始枝晶数目（n）条件下定向凝固组织演变过程，结果见图 4.10。可见，当 $n \leqslant 13$ 时，在两个初始一次枝晶间均有新的一次枝晶形成，稳态生长时的一次枝晶间距小于初始一次枝晶间距；当 $33 \geqslant n \geqslant 14$ 时，在初始的一次枝晶间没有新的一次枝晶形成，稳态生长时的一次枝晶间距与初始一次枝晶间距相同；当 $n \geqslant 34$ 时，初始一次枝晶发生间湮没现象，稳态生长时的一次枝晶间距大于初始一次枝晶间距。这些结果表明，在给定的凝固条件下，稳态生长一次枝晶间距与初始一次枝晶间距（取决于初始形核过程，具有一定的随机性）有关，可在一定范围内变化（见图 4.11），

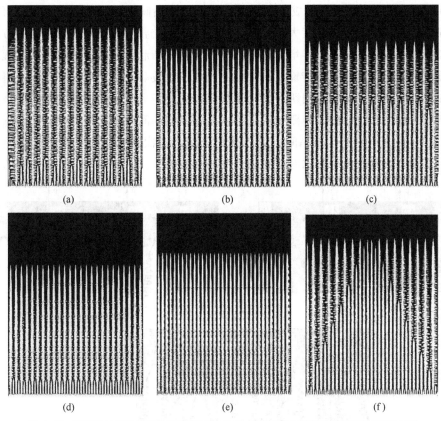

图 4.10　不同数目初始枝晶条件下丁二腈-12.5wt%乙醇定向凝固达到稳态时的枝晶列

温度梯度 $10.8\mathrm{K/mm}$，凝固速度 $50\mu\mathrm{m/s}$

（a）$n=8$；（b）$n=13$；（c）$n=14$；（d）$n=25$；（e）$n=33$；（f）$n=34$

即定向凝固一次枝晶间距与达到稳态的过程有关。这一现象可如下解释：当两个一次枝晶的间距过大时，通常通过分枝的机制对间距进行调整。两个一次枝晶间能否形成新的一次枝晶取决于两方面因素：固液界面的稳定性和一次枝晶间液相成分过冷情况。这两个方面均与两个原始枝晶的间距有关。图 4.12 给出了两个一次枝晶间的凝固界面能否失稳并成长成一个新的枝晶与两个原始枝晶间距之间的关系。当两个枝晶间间距较小时（λ_{12}），两个一次枝晶周围的溶质浓度场相互叠加，枝晶间液相沿凝

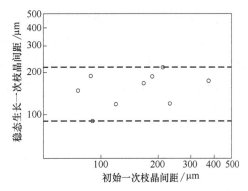

图 4.11　稳态生长时的一次枝晶间距与
初始一次枝晶间距的关系

固方向的溶质浓度梯度较小，不足以在两个一次枝晶间的液相内造成成分过冷区，因此，界面保持稳定，没有新枝晶的形成；当两个枝晶间间距增加至 λ_{23} 时，两个一次枝晶周围的溶质浓度场交叠程度下降，枝晶间液相沿凝固方向的溶质浓度梯度增加，一次枝晶间液相内出现了成分过冷区，因此，界面失稳，形成凸起，但在凸起长大过程中，凸起尖端排出的溶质向外扩散困难，造成在凸起尖端处液相出现较高的溶质富集，使凸起尖端过冷度

趋向于 0，凸起不能继续长大形成一次枝晶；当两个枝晶间间距增加至 λ_{34} 时，两个一次枝晶周围的溶质浓度场交叠程度大幅度下降，甚至没有交叠，枝晶间液相沿凝固方向的溶质浓度梯度和成分过冷区进一步增加，界面失稳，形成凸起，并且在凸起长大过程中，排出的溶质能顺畅地向远处扩散传输，凸起逐渐长成一次枝晶。由此可见，在给定凝固条件下，存在着一个临界一次枝晶间距，当两个枝晶间的间距大于临界枝晶间距时，枝晶间可以形成新的一次枝晶，使枝晶间距减小；当两个枝晶间的间距小于临界枝晶间距（即枝晶间距在 $\lambda_{12}\sim\lambda_{34}$ 之间）时，枝晶间不能生成形成新的一次枝晶，即一次枝晶间距可在一定范围内变化，具体取值与凝固时枝晶形成的历史有关。

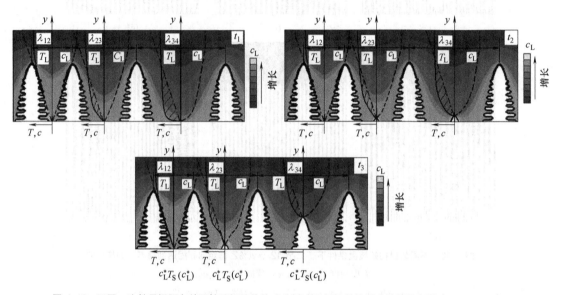

图 4.12 不同一次枝晶间距条件下枝晶间熔体的成分过冷及新枝晶的形成过程示意图（$t_1 < t_2 < t_3$）

由上述分析可知，影响固液界面稳定性和浓度场的因素，均会影响一次枝晶间距的上、下限。对于给定的合金和凝固条件，在没有对流的条件下，影响一次枝晶间距上、下限的因素主要有溶质扩散系数和固液界面能。溶质扩散系数越小，一个枝晶周围的溶质浓度场梯度越高，影响范围越小，两个相邻枝晶周围的浓度场只有在较小的枝晶间距条件下才能发生交叠，因此，一次枝晶间距上、下限越小。由固液界面稳定性的动力学理论可知[2]，固液界面能有利于固液界面的稳定，即随着固液界面能的增加，界面失稳的临界过冷度增加。由此可以推断，在其他条件都不变时，随着固液界面能的增加，枝晶间距的上、下限增大。

为了证明以上分析，可通过假定不同的固液界面能，模拟计算定向凝固丁二腈-2.5wt%乙醇一次枝晶间距的上、下限随固液界面能的变化关系，结果示于图 4.13。可见，枝晶间距的上、下限随着固

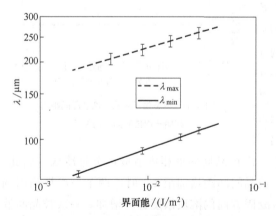

图 4.13 定向凝固丁二腈-2.5wt%乙醇一次枝晶间距上、下限随固液界面能的变化关系

液界面能的增加而增大。

（3）一次枝晶间距的上、下限与凝固速度的关系

分析表明，在给定的凝固条件下，存在一个最大临界间距 $\lambda_{\max}$ 或最小临界枝晶密度 $n_{\min}$［单位长度内一次枝晶的数目，$\lambda_{\max}=1/(n_{\min}-1)$］，当 $n=n_{\min}$，会有新的一次枝晶生成；$n=n_{\min}+1$ 时，没有新的一次枝晶形成，则一次枝晶间距上限 $\lambda_{\max}$ 应满足：$1/(n_{\min})<\lambda_{\max}<1/(n_{\min}-1)$。同样，在给定的凝固条件下，存在一个最小临界间距 $\lambda_{\min}$ 或最大临界枝晶密度 $n_{\max}$，当 $n=n_{\max}$，一次枝晶稳定生长，没有一次枝晶湮没现象；当 $n=n_{\max}+1$ 时，发生一次枝晶湮没现象，则一次枝晶间距下限 $\lambda_{\min}$ 应满足：$1/(n_{\max})<\lambda_{\min}<1/(n_{\max}-1)$。据此，在模拟计算中，可以通过逐渐增加一次枝晶的密度来确定给定凝固条件下一次枝晶间距的上、下限。

模拟计算的丁二腈-2.5wt%乙醇定向凝固一次枝晶间距上、下限与凝固速度之间的关系结果见图 4.14。通常一次枝晶间距与凝固速度之间的关系可用幂函数表示：$\lambda_{\max}=av_{\mathrm{t}}^{-b}$，$\lambda_{\min}=a'v_{\mathrm{t}}^{-b'\,[31]}$。将模拟结果进一步整理，对丁二腈-2.5wt%乙醇，温度梯度为 10.8K/mm 时，定向凝固一次枝晶间距上、下限与凝固速度之间的关系满足：

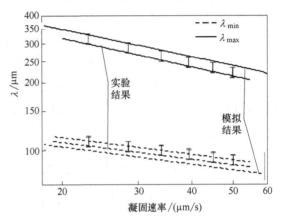

图 4.14 定向凝固丁二腈-2.5wt%乙醇试样中
一次枝晶间距上、下限与凝固速度间关系

$$\lambda_{\max}=1317v_{\mathrm{t}}^{-0.455} \tag{4.16}$$

$$\lambda_{\min}=241v_{\mathrm{t}}^{-0.253} \tag{4.17}$$

由图可见模拟结果与实验结果十分接近。

4.3 三维元胞自动机模型

考虑多元合金溶质互扩散，直接耦合合金热力学计算，建立模拟多元合金树枝晶生长的三维元胞自动机模型。

4.3.1 热和溶质扩散方程

假设液相无流动，热扩散方程为：

$$\frac{\partial T}{\partial t}=\alpha\left(\frac{\partial^2 T}{\partial x^2}+\frac{\partial^2 T}{\partial y^2}+\frac{\partial^2 T}{\partial z^2}\right)+\frac{L}{\rho c_p}\times\frac{\partial f_{\mathrm{S}}}{\partial t} \tag{4.18}$$

计算溶质扩散时考虑溶质间相互作用对扩散的影响，即扩散方程中包含了扩散矩阵非对角元素。

$$\frac{\partial c_\phi^k}{\partial t}=\nabla\left(\sum_{j=1}^{n-1}D_{kj,\phi}^n\,\nabla c_\phi^j\right)+(c_{\mathrm{L}}^{k,*}-c_{\mathrm{S}}^{k,*})\frac{\partial f_{\mathrm{S}}}{\partial t}\quad(k=1\cdots n-1) \tag{4.19}$$

式中，c_ϕ^k、c_ϕ^j 分别为溶质元素 k、j 在相 ϕ（$\phi=$L 或 S）中的浓度；n 为溶剂；$c_L^{k,*}$ 和 $c_S^{k,*}$ 分别为界面处溶质元素 k 在液相和固相中的平衡浓度；$D_{kj,\phi}^n$ 为 ϕ 相中的溶质扩散系数矩阵的元素，用下列式计算（为简便起见，以下式中省略了下标 ϕ）[32]：

$$D_{kj}^n = D_{kj}^V - D_{kn}^V \tag{4.20}$$

$$D_{kj}^V = \sum_{i=1}^n (\delta_{ik} - x_k) x_i M_i \frac{\partial \mu_i}{\partial x_j} \tag{4.21}$$

式中，D_{kj}^V 为定容扩散系数；δ_{ik} 为克罗内克函数（若 $i=k$，$\delta_{ik}=1$，否则 $\delta_{ik}=0$）；x_i 和 M_i 分别为元素 i 在给定相中的摩尔分数和迁移率。对于面心立方体系，M_i 用式 (4.22) 计算[33]：

$$M_i = \frac{1}{RT} \exp\left(\frac{RT\ln M_i^0}{RT}\right) \exp\left(\frac{-Q_i}{RT}\right) \tag{4.22}$$

式中，R 为气体常数；M_i^0 为频率因子；Q_i 为激活焓。对于面心立方晶体，$RT\ln M_i^0$ 和 Q_i 可以合并为一个参数 $Q_B = RT\ln M_i^0 - Q_i$。与溶质成分相关的 Q_B 可以用 Redlich-Kister 多项式表示：

$$Q_B = \sum_i x_i Q_B^i + \sum_i \sum_{j>i} x_i x_j \left[\sum_{r=0}^n {}^r Q_B^{i,j} (x_i - x_j)^r\right] +$$
$$\sum_i \sum_{j>i} \sum_{k>j} x_i x_j x_k \left[v_{ijk}^s \, {}^s Q_B^{i,j,k}\right] \quad (s=i,j,k) \tag{4.23}$$

式中，Q_B^i 为组元 B 在纯组元 i 中的 Q_B 值；${}^r Q_B^{i,j}$ 和 ${}^s Q_B^{i,j,k}$ 分别为二元和三元相互作用系数；v_{ijk}^s 用 $x_s + (1-x_i-x_j-x_k)/3$ 给出。

M_i 也可以根据实验数据，用 Einstein 关系式计算：

$$D_i^* = RTM_i \tag{4.24}$$

式中，D_i^* 为组元 i 的示踪扩散系数。

4.3.2 形核率计算

根据经典形核理论计算熔体中的形核率，考虑孕育时间的影响，瞬态形核率为：

$$I = I_s \exp\left(-\frac{t}{\tau}\right) \tag{4.25}$$

式中，I_s 为稳态形核率，用式 (1.49) 或式 (1.61) 计算；τ 为孕育时间。

形成单位体积 α 相时导致的体系自由能变化 ΔG_V 计算为：

$$\Delta G_V = \Delta G_m / V_m \tag{4.26}$$

式中，V_m 为 α 相的摩尔体积；ΔG_m 为摩尔驱动力[34]：

$$\Delta G_m = \sum x_i \Delta \mu_i \quad (i=1,2,\cdots,n) \tag{4.27}$$

式中，$\Delta \mu_i$ 为组元 i 在液相和固相中化学势差：

$$\Delta \mu_i = \mu_i^L(T, \{x_j^L\}) - \mu_{eq,i}^\alpha(T, \{x_j^\alpha\}) \quad (i,j=1,2,\cdots,n) \tag{4.28}$$

假设形成的晶核成分为平衡成分，近似计算时，$\Delta \mu_i$ 可以用 $\Delta \mu_{eq,i}$ 代替。例如对 A-B 二元系，式 (4.28) 可写成：

$$\Delta \mu_i \approx \Delta \mu_{eq,i} = \mu_i^L (T, x_i^L) - \mu_{eq,i}^{\alpha} (T, x_{eq,i}^{\alpha}) \tag{4.29}$$

式中，$\mu_{eq,i}^{\alpha}$ 为形成平衡成分 α 相时，组元 i 在 α 相中的化学势，则式（4.27）可写为：

$$\Delta G_m = x_{eq,A} \Delta \mu_{eq,A} + x_{eq,B} \Delta \mu_{eq,B} \tag{4.30}$$

ΔG_m 即为图 4.15 中 P_1 与 P_2 两点之间的距离。

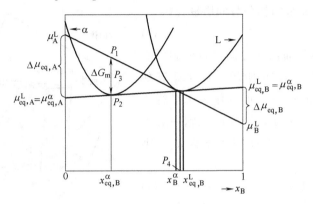

图 4.15　温度为 T 时液相和固相自由能曲线示意图

对于多元系，ϕ 相中 i 组元的化学势 μ_i^{ϕ}[35] 为：

$$\mu_i^{\phi} = G_m^{\phi} + \frac{\partial G_m^{\phi}}{\partial x_i^{\phi}} - \sum_{i=1}^{n} x_i \frac{\partial G_m^{\phi}}{\partial x_i^{\phi}} \tag{4.31}$$

式中，x_i^{ϕ} 为 ϕ 相中 i 组元的摩尔分数；G_m^{ϕ} 为 ϕ 相摩尔自由能。应用规则溶液模型，三元系 G_m^{ϕ}[36] 可表示为：

$$G^{\phi} - H^{SER} = G^{ref,\phi} + G^{id,\phi} + G^{E,bin,\phi} + G^{E,ter,\phi} \tag{4.32a}$$

$$G^{ref,\phi} = \sum_{i=1}^{3} x_i [G_i^{0,ref}(T) - H_i^{SER}(298.15K)] \tag{4.32b}$$

$$G^{id,\phi} = RT \sum_{n=1}^{3} x_i \ln(x_i) \tag{4.32c}$$

$$G^{E,bin,\phi} = \sum_{i=1}^{2} \sum_{j=i+1}^{3} x_i x_j \sum_{v=0}^{n} [L_{ij}^v (x_i - x_j)^v] \tag{4.32d}$$

$$G^{E,ter,\phi} = x_1 x_2 x_3 \left[\sum_{i=1}^{3} (L_i^{ter} \cdot x_i) \right] \tag{4.32e}$$

式中，G^{ϕ} 为 ϕ 相的摩尔 Gibbs 自由能；x_i 为 i 组元的摩尔分数；$G^{ref,\phi}$ 为机械混合物自由能；$G^{id,\phi}$ 为理想混合物自由能；$G^{E,bin,\phi}$ 为二元过剩自由能；$G^{E,ter,\phi}$ 为三元过剩自由能；$G_i^{0,ref}(T)$ 为纯组元 i 的标准 Gibbs 自由能；$H_i^{SER}(298.15K)$ 为纯组元 i 在 $T = 298.15K$ 时的焓；L_{ij}^v 为 $i-j$ 二元子系统第 $(v+1)$ 个 Redlich-Kister 系数；L_i^{ter} 为亚规则溶液三元相互作用系数。

某一时刻体系中晶核总数为：

$$N_n = \sum I(t_i) \Delta t V \tag{4.33}$$

式中，N_n 为晶核数；V 为剩余熔体体积。

4.3.3 固液界面生长速度和固相分数的计算

根据界面处溶质守恒关系计算界面法向生长速度[7]：

$$v_n(c_L^{k,*} - c_S^{k,*}) = \left[-\sum_{j=1}^{n-1} D_{kj,L}^n \nabla c_L^j \big|_I + \sum_{j=1}^{n-1} D_{kj,S}^n \nabla c_S^j \big|_I \right] \hat{n} \tag{4.34}$$

Δt 时间内界面元胞固相分数的增量为：

$$\Delta f_S = v_n \Delta t / L_\phi \tag{4.35}$$

式中，L_ϕ 为沿界面法向方向经过元胞中心的线段的长度，如图 4.16 所示。具体计算如下：通过界面元胞的每一个顶点作一个平行于该元胞内固液界面的平面，该界面元胞中心到通过元胞第 i 个顶点的平面的距离为 d_i，则 L_ϕ 为：

$$L_\phi = 2\max(d_i) \quad (i=1,2,\cdots,8) \tag{4.36}$$

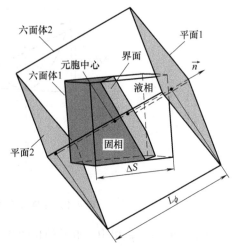

4.3.4 固液界面平衡溶质浓度计算

对于多元合金，界面处平衡溶质成分可由合金热力学计算获得。假设固液界面处于热力

图 4.16 L_ϕ 计算示意图

学平衡态，总过冷度 $\Delta T = T_{L(R'=\infty,c_0)}^{eq} - T_{melt}$ 由热过冷 $\Delta T_T = T^* - T_{melt}$、成分过冷 $\Delta T_c = T_{L(R'=\infty,c_0)}^{eq} - T_{L(R'=\infty,c_L^*)}^*$、曲率过冷 $\Delta T_R = \overline{\Gamma K}[2F(\theta,\varphi) + \partial^2 F(\theta,\varphi)/\partial\theta^2 + \partial^2 F(\theta,\varphi)/\partial\varphi^2]$ 和动力学过冷 ΔT_K 组成。

$$\Delta T = T_{L(R'=\infty,c_0)}^{eq} - T_{melt} = (T^* - T_{melt}) + \Delta T_c + \Delta T_R + \Delta T_K \tag{4.37}$$

式中，$T_{L(R'=\infty,c_0)}^{eq}$ 为初始合金的平衡液相线温度；R' 为固液界面曲率半径；T^* 为固液界面温度；T_{melt} 为远离固液界面处熔体温度；$T_{L(R'=\infty,c_L^*)}^*$ 为固液界面局部热力学平衡温度。这里假设一个元胞内固液界面的两个主曲率相等。$\overline{K}$ 的计算见式（4.12），对于三维情况 $N=26$，$F(\theta,\varphi)$ 为界面能各向异性函数。球坐标系和 Cartesian 坐标系中 $F(\theta,\varphi)$ 分别为[37]：

$$F(\theta,\varphi) = 1 - 3\varepsilon_4 + 4\varepsilon_4 [\sin^4\theta(\cos^4\varphi + \sin^4\varphi) + \cos^4\theta] \tag{4.38}$$

$$F(\hat{n}) = 1 - 3\varepsilon_4 + 4\varepsilon_4(n_x^4 + n_y^4 + n_z^4) \tag{4.39}$$

因为动力学过冷度很小，所以固液界面局部平衡液相线温度可用下式计算：

$$T_{L(R'=\infty,c_L^*)}^* \doteq T^* + \overline{\Gamma}\,\overline{K}\left[2F(\theta,\varphi) + \frac{\partial^2 F(\theta,\varphi)}{\partial\theta^2} + \frac{\partial^2 F(\theta,\varphi)}{\partial\varphi^2}\right] \tag{4.40}$$

通过热力学计算，获得固液界面处固相和液相平衡溶质浓度。计算用模型如下：

$$\sum x_i^S = 1 \quad (i=1,\cdots,n) \tag{4.41}$$

$$\mu_i^L = \mu_i^S \quad (i=1,\cdots,n) \tag{4.42}$$

4.4 Al-Cu 合金过冷熔体中的枝晶生长

用三维 CA 模型模拟 Al-Cu 合金过冷熔体中树枝晶生长过程，为了与 LGK 模型预测结果对比，Al-Cu 合金中溶质扩散系数取为常数，合金热物性参数见表 4.2。界面能各向异性系数取 0.02。元胞尺寸为 $1.5\mu m$，计算区域尺寸足够大以保证凝固过程中远离枝晶尖端位置溶质浓度保持不变。初始时在计算区域底部放置一个晶核。计算区域底面设置为绝热边界条件，其他面保持恒温。图 4.17 为模拟的 Al-4wt%Cu 合金树枝晶形态。图 4.18 为枝晶尖端生长速度随时间的变化，图中同时给出了 $\Delta T = 4K$，$\sigma^* = 0.025$ 时，LGK 模型预测的枝晶尖端稳态生长速度。从图 4.18 可知，初始时，枝晶尖端生长速度不断减小，这是因为初始时，枝晶尖端溶质浓度较低，所以尖端生长速度大，随着凝固的进行，枝晶尖端液相溶质浓度不断增大，所以枝晶尖端生长速度降低。当凝固时间达到 $0.15s$ 后，枝晶生长逐渐达到稳态。计算枝晶尖端稳态生长速度与 LGK 模型预测结果吻合很好。

⊡ 表 4.2 Al-4wt%Cu 合金的热物性参数[27]

符号	$\overline{\Gamma}$	D_L	D_S	α	L	ρ	c_p	m_L	k_0
值	2.4×10^{-7}	3×10^{-9}	3×10^{-13}	4.31×10^{-5}	3.97×10^5	2600	1070	-2.6	0.17

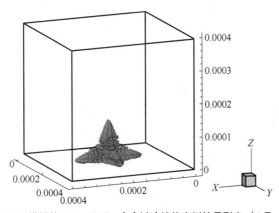

图 4.17 模拟的 Al-4wt%Cu 合金过冷熔体中树枝晶形态（$\Delta T=$ 4K）

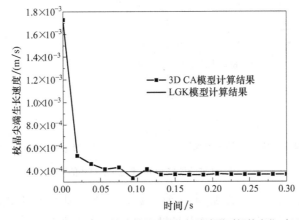

图 4.18 计算的 Al-4 wt%Cu 合金枝晶尖端生长速度随时间的变化（$\Delta T=$ 4K）

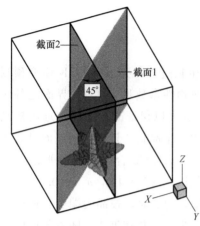

图 4.19 枝晶尖端两个主平面示意图

对于三维曲面，通常可取一个最大主曲率半径和一个最小主曲率半径作为两个主曲率半径。对于三维枝晶尖端曲面，这两个主曲率半径所在的平面成 45°角，如图 4.19 所示，将枝晶尖端沿这两个平面切开，用抛物线方程拟合二维尖端轮廓。两个主曲率半径分别为 $R_1=0.5/a_1$，$R_2=0.5/a_2$。其中 a_1、a_2 为抛物线拟合的二次项系数。枝晶尖端半径满足 $2/R=1/R_1+1/R_2$。图 4.20 所示为 $\Delta T=4$K 时模拟的枝晶尖端半径拟合结果。可见模拟的枝晶尖端形状与抛物线十分接近。

图 4.21 所示为不同过冷度时计算的枝晶尖端生长速度、枝晶尖端半径和枝晶尖端液相溶质浓度与 LGK 模型预测结果的对比，可见，计算结果与 LGK 模型预测结果吻合很好。

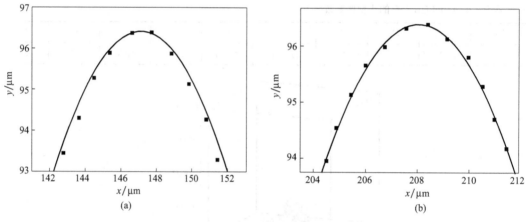

图 4.20 $t=0.087$s 枝晶尖端半径拟合结果

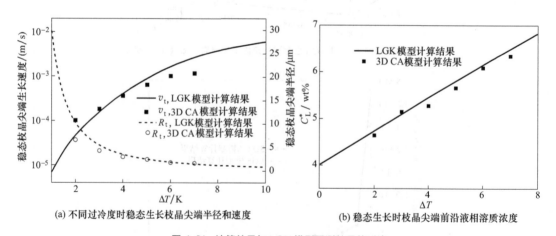

(a) 不同过冷度时稳态生长枝晶尖端半径和速度

(b) 稳态生长时枝晶尖端前沿液相溶质浓度

图 4.21 计算结果与 LGK 模型预测结果的对比

根据边缘稳定性理论，σ^* 通常是一个常数，对于三维枝晶生长，其值为 0.025 ± 0.007[38]。Stefanescu 等计算 σ^* 时考虑了界面能各向异性的影响[27]。根据 Stefanescu 等的定义，对于三维合金枝晶生长，枝晶尖端选择参数 σ^* 可用下式计算：

$$\sigma^* = \frac{2D_L\overline{\Gamma}\left[2F(\theta,\varphi)+\dfrac{\partial^2 F(\theta,\varphi)}{\partial\theta^2}+\dfrac{\partial^2 F(\theta,\varphi)}{\partial\varphi^2}\right]}{v_t R_t^2 |m_L|(c_L^* - c_S^*)} \tag{4.43}$$

对于合金三维枝晶生长，枝晶尖端选择参数也可用式（4.44）计算[39]：

$$\sigma^* = \frac{D_L\overline{\Gamma}[1-(1-k_0)Iv(P_c)]}{v_t R_t^2 |m_L|(1-k_0)c_0} \tag{4.44}$$

用上述两式计算的稳态生长时枝晶尖端选择参数见表 4.3。根据边缘稳定性理论，选择参数值为 0.018～0.032。可见，上述两式计算的 σ^* 均在这一范围之内。

▣ 表 4.3　计算的 Al-4 wt%Cu 合金枝晶尖端选择参数

T/K	c_L^*/wt%	c_S^*/wt%	v_t/(m/s)	R_t/(μm)	σ^*	
					式（4.43）	式（4.44）
2	4.63825	0.80089	8.51×10^{-5}	7.19	0.0244	0.018
3	5.14702	0.82520	1.83×10^{-4}	4.30	0.0284	0.0233
4	5.27476	0.90795	3.63×10^{-4}	2.99	0.0273	0.0241
5	5.65609	0.98990	6.4×10^{-4}	2.46	0.0229	0.020
6	6.08563	1.05285	1.01×10^{-3}	1.81	0.0252	0.0233
7	6.34121	1.11328	1.16×10^{-3}	1.64	0.0256	0.0247

（1）不同取向枝晶生长

元胞自动机模型要解决的一个重要问题是网格各向异性对模拟的枝晶形态的影响。网格的各向异性指树枝晶只能沿着与网格轴线平行或者成 45°角的方向生长，所以为了模拟任意取向的树枝晶生长过程，必须消除网格各向异性的影响。为了考察所建立的三维元胞自动机模型是否消除了网格各向异性，模拟了 Al-4 wt%Cu 合金过冷熔体中不同取向枝晶生长过程，模拟的树枝晶形态见图 4.22。从图可见，模拟得到的不同取向的树枝晶形态十分接近。说明所建立的三维元胞自动机模型消除了网格各向异性的影响，可以模拟沿任意方向生长树枝晶的生长过程。

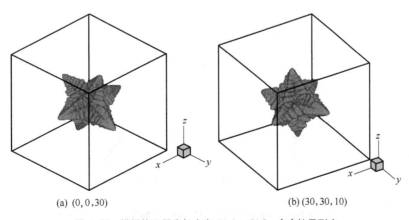

(a) (0, 0, 30)　　　　　　　　　　(b) (30, 30, 10)

图 4.22　模拟的不同生长方向 Al-4 wt%Cu 合金枝晶形态

（2）界面能各向异性对枝晶生长的影响

固液界面能各向异性对树枝晶生长具有重要影响。研究表明，当其他条件相同时，固液界面能各向异性越大，枝晶尖端半径越小。采用不同的各向异性系数，模拟 Al-4 wt% Cu 合金过冷熔体中的树枝晶生长过程。假设熔体保持恒温、等温。熔体无量纲过冷度 $\Delta = \Delta T / m_L (1 - k_0) c_0$，取 $\Delta = 0.55$。模拟得到的枝晶形态见图 4.23，稳态生长时枝晶尖端半径与界面能各向异性的关系见图 4.24。从图可知，当其他条件都相同时，稳态枝晶尖端半径随着各向异性系数的增大而减小。这可如下解释：枝晶生长总是使界面能较大的界面面积趋于最小，因此枝晶会表现出按择优方向生长，界面能各向异性越大，枝晶生长时高界面能的界面面积越小，随着界面能各向异性的增大，枝晶尖端半径减小[40]。

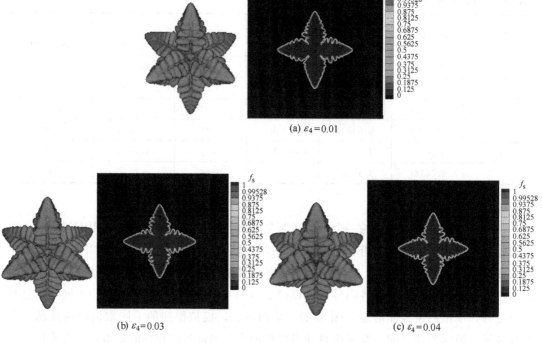

(a) $\varepsilon_4 = 0.01$

(b) $\varepsilon_4 = 0.03$　　　　　　(c) $\varepsilon_4 = 0.04$

图 4.23　界面能各向异性系数不同时模拟的枝晶形态

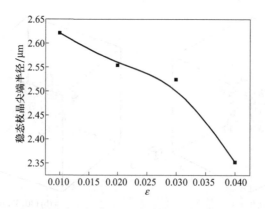

图 4.24　稳态枝晶尖端半径与界面能各向异性的关系（$\Delta = 0.55$）

4.5 Al-Cu-Mg 合金枝晶生长模拟

（1）Al-Cu-Mg 合金热力学描述及参数

Al-Cu-Mg 三元合金体系摩尔自由能可用 Redlich-Kister-Muggianu 关系给出[36]，见式（4.32）。式（4.32）中 $G_i^{0,\mathrm{ref}}(T)$ 是温度 T 的函数[41]：

$$G_i^{0,\mathrm{ref}}(T) = a + bT + cT\ln(T) + dT^2 + e/T + fT^3 + gT^7 \tag{4.45}$$

式中，a、b、c、d、e、f、g 为系数，见表4.4。

溶质扩散系数用式（4.19）～式（4.22）计算。面心立方相（fcc）中 M_i 用式（4.22）计算。由于缺少必要的热力学参数，液相中 M_i 用 Einstein 方程计算，见式（4.24）。式中的示踪扩散系数用已知的扩散系数代替，对于溶质 Cu 和 Mg 分别用其在 Al 中的扩散系数代替；对于 Al 基体，用 Al 的自扩散系数代替[42]。计算中用到的 Al-Cu-Mg 合金参数和 Al-Cu-Mg 体系 fcc 相原子迁移率参数见表4.4 和表4.5。界面能各向异性系数 $\varepsilon_4 = 0.02$[24]，平均 Gibbs-Thomson 系数取 $8.28 \times 10^{-7}\,\mathrm{mK}$。

⊡ 表4.4 Al-Cu-Mg 合金参数

系数	液相 Al(298.15K<T<700K)	fcc Al(298.15K<T<700K)	液相 Al(700K<T<933.47K)	fcc Al(700K<T<933.47K)	液相 Cu(298.15K<T<1357.77K)	fcc Cu(298.15K<T<1357.77K)	液相 Mg(298.15K<T<923K)	fcc Mg(298.15K<T<923K)
a	3028.879	−7976.15	271.21	−11276.24	5194.277	−7770.458	−165.097	−5767.34
b	125.251171	137.093038	211.206579	223.048446	120.973331	130.485235	134.838617	142.775547
c	−24.3671976	−24.3671976	−38.5844296	−38.5844296	−24.112392	−24.112392	−26.1849782	−26.1849782
d	−1.884662 $\times 10^{-3}$	−1.884662 $\times 10^{-3}$	18.531982 $\times 10^{-3}$	18.531982 $\times 10^{-3}$	−2.65684 $\times 10^{-3}$	−2.65684 $\times 10^{-3}$	0.4858 $\times 10^{-3}$	0.4858 $\times 10^{-3}$
e	74092	74092	74092	74092	52478	52478	78950	78950
f	−0.877664 $\times 10^{-6}$	−0.877664 $\times 10^{-6}$	−5.764227 $\times 10^{-6}$	−5.764227 $\times 10^{-6}$	0.129223 $\times 10^{-6}$	0.129223 $\times 10^{-6}$	−1.393669 $\times 10^{-6}$	−1.393669 $\times 10^{-6}$
g	7.934 $\times 10^{-20}$	—	7.934 $\times 10^{-20}$	—	−5.849 $\times 10^{-21}$	—	−8.0175 $\times 10^{-20}$	—

⊡ 表4.5 Al-Cu-Mg 体系 fcc 相原子迁移率参数

参数	值	参数	值	参数	值(液相)	值(fcc)
$\Delta G_{\mathrm{Al}}^{\mathrm{Al}}$	−123111.6− 97.34T	$\Delta^0 G_{\mathrm{Cu}}^{\mathrm{Al,Mg}}$	242860.7	$L_{\mathrm{Al,Cu}}^0$	−66622+8.1T	−53520+2T
$\Delta G_{\mathrm{Al}}^{\mathrm{Mg}}$	−112499−81.26T	$\Delta G_{\mathrm{Mg}}^{\mathrm{Al}}$	−121268.4− 89.951T	$L_{\mathrm{Al,Cu}}^1$	46800.90.8T+ 10TlnT	38590−2T
$\Delta^0 G_{\mathrm{Al}}^{\mathrm{Al,Cu}}$	−183094.3+ 159.01T	$\Delta G_{\mathrm{Mg}}^{\mathrm{Cu}}$	−170567−98.84T	$L_{\mathrm{Al,Cu}}^2$	−2812	1170
$\Delta^0 G_{\mathrm{Al}}^{\mathrm{Cu,Mg}}$	1174.81	$\Delta G_{\mathrm{Mg}}^{\mathrm{Mg}}$	−112499−81.26T	$L_{\mathrm{Al,Mg}}^0$	−12000+8.56T	4971−3.5T
$\Delta G_{\mathrm{Cu}}^{\mathrm{Al}}$	−133184.4− 83.65T	$\Delta^0 G_{\mathrm{Mg}}^{\mathrm{Al,Mg}}$	84924.19	$L_{\mathrm{Al,Mg}}^1$	1894−3T	900+0.423T

参数	值	参数	值	参数	值(液相)	值(fcc)
ΔG_{Mg}^{Cu}	$-205872-82.52T$	$\Delta^0 G_{Mg}^{Cu,Mg}$	227664.3	$L_{Al,Mg}^2$	2000	950
ΔG_{Cu}^{Mg}	$-112499-81.26T$	$\Delta^0 G_{Mg}^{Al,Cu}$	260606.31	$L_{Cu,Mg}^0$	$-36984+4.7561T$	$22279.28+5.868T$
$\Delta^0 G_{Cu}^{Al,Cu}$	$-31461.4+78.91T$	液相 D_{Cu}^{Al}	$1.06\times10^{-7}\exp(-24000/RT)$	$L_{Cu,Mg}^1$	-8191.29	0
液相 D_{Al}	$1.16\times10^{-7}\exp(-21330/RT)$	液相 D_{Mg}^{Al}	$9.9\times10^{-5}\exp(-71600/RT)$			

（2）模拟结果与分析模型对比

假设固相无扩散，液相均匀混合，熔体温度均匀，以固定冷却速率 1K/s 从初始液相线开始冷却。模拟 Al-3wt%Cu-1wt%Mg 合金凝固过程。图 4.25 为计算的固相分数随温度的变化，图 4.26 为固相中溶质溶度与固相分数的关系。这些结果表明，3D CA 模型计算结果与 Scheil 模型预测结果吻合良好。

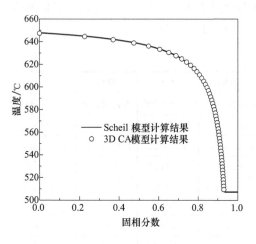

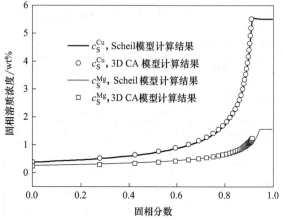

图 4.25　Al-3 wt%Cu-1 wt%Mg 合金凝固过程中
固相分数与温度的关系

图 4.26　Al-3 wt%Cu-1 wt%Mg 合金凝固过程固相溶质
浓度与固相分数的关系

（3）溶质扩散系数计算对模拟结果的影响

考虑实际溶质扩散过程，模拟 Al-3 wt%Cu-1 wt%Mg 合金冷却过程中等轴晶的生长过程。初始时在计算区域中心放置一个晶核。假设熔体温度均匀，在固定冷却速率下凝固。模拟中用到的参数见表 4.4 和表 4.5。图 4.27 显示了 Al-3 wt%Cu-1 wt%Mg 合金以 15K/s 冷却速率冷却凝固时等轴晶生长过程。

图 4.28 为图 4.27（d）所示二维切面上，Cu 和 Mg 溶质浓度分布。从图可知，由于固液界面上的溶质再分配作用，固相溶质浓度低，而枝晶间液相溶质富集，这些特征与实际枝晶生长情况相符。

图 4.29 和图 4.30 显示了图 4.27（d）所示二维切面上溶质扩散系数的分布情况。由图可知，溶质扩散系数与成分有关。在固液界面附近，液相中扩散系数矩阵主对角元素值较小，而远离固液界面处，扩散系数矩阵主对角元素值较大。固相扩散系数矩阵主对角元

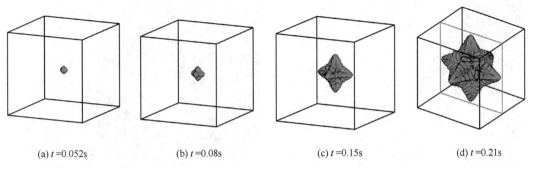

(a) t =0.052s　　　(b) t =0.08s　　　(c) t =0.15s　　　(d) t =0.21s

图 4.27　Al-3 wt%Cu-1 wt%Mg 合金等轴晶生长过程（冷却速率 15K/s，917K）

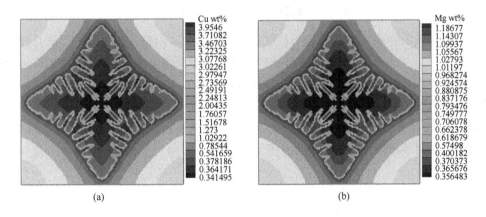

图 4.28　计算的 Al-3 wt%Cu-1 wt%Mg 合金枝晶二维切面上溶质浓度分布

素值的分布正好相反。扩散系数矩阵非主对角元素值均为负值，说明对于 Al-Cu-Mg 合金，溶质间具有相互吸引的作用，即一种溶质会减慢另一种溶质的扩散[42]；无论是固相还是液相，在固液界面处扩散系数矩阵非主对角元素的绝对值最大。

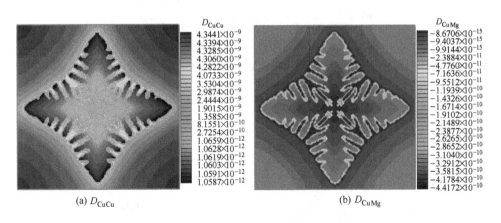

(a) D_{CuCu}　　　　　　　　　　(b) D_{CuMg}

图 4.29　二维切面上 Cu 的扩散系数分布情况

以上结果说明，溶质扩散系数与温度和成分有关，如果将溶质扩散系数看作常数或者只是温度的函数，必然会影响计算结果。采用不同的溶质扩散系数处理方法来考察溶质扩

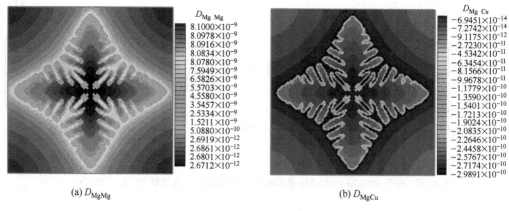

(a) D_{MgMg}　　　　　　　　　(b) D_{MgCu}

图 4.30　二维切面上 Mg 的扩散系数分布情况

散计算对枝晶生长的影响：①假设溶质扩散系数只是温度的函数（D_{way1}）；②耦合计算溶质扩散矩阵（D_{way2}）。图 4.31 为采用两种溶质扩散系数计算得到的枝晶尖端生长速度随时间的变化。由图可知，考虑溶质间相互作用时，计算的枝晶生长速度较小。这是因为溶质间的相互吸引使 Cu 和 Mg 的扩散系数减小造成的。枝晶尖端固液界面前沿液相溶质浓度分布如图 4.32 所示，可见，溶质扩散系数越小，固液界面前沿液相溶质富集程度越高，所以，枝晶尖端过冷度降低，枝晶尖端生长速度减小。

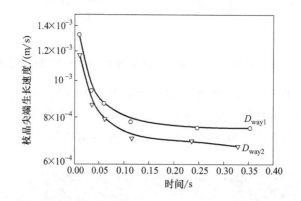

图 4.31　应用不同溶质扩散系数处理方法时计算的枝晶尖端生长速度随时间的变化

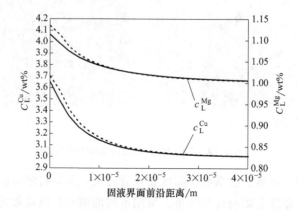

图 4.32　采用不同溶质扩散系数计算时得到的枝晶尖端固液界面前沿液相溶质浓度分布

4.6 Al-Cu-Mg 合金定向凝固枝晶生长模拟

4.6.1 Al-Cu-Mg 合金定向凝固二次枝晶间距

固液界面前沿温度梯度为 $7\mathrm{K/mm}$，计算区域尺寸为 $900\mu m \times 900\mu m \times 1200\mu m$。初始时在计算区域底部放置多个晶核，其他面设置为对称边界条件。图 4.33 为冷却速率为 $1\mathrm{K/s}$、枝晶稳态生长时的枝晶尖端形态和凝固后的枝晶列二维形态。从图可以看出，二次枝晶间距通过凝并和淘汰机制调整，凝固后的二次枝晶间距要大于初始二次枝晶间距。图 4.34 为计算的试样凝固后的平均二次枝晶间距和实验结果[43]。可见，用 3D CA 模型计算的平均二次枝晶间距与实验结果吻合很好。

(a) 枝晶尖端三维形貌

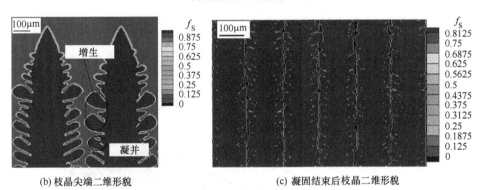

(b) 枝晶尖端二维形貌　　　　　　　　(c) 凝固结束后枝晶二维形貌

图 4.33　模拟的 Al-3.9 wt%Cu-0.9 wt%Mg 合金定向凝固组织

4.6.2 一次枝晶间距选择过程

图 4.35 为拉速为 $200\mu m/s$ 时 Al-11.6 wt%Cu-0.85 wt%Mg 合金定向凝固组织的形成过程。计算区域尺寸为 $600\mu m \times 900\mu m \times 1200\mu m$。初始时在计算区域底部放置三个晶核 [见图 4.35（a）]，随着凝固的进行，初始晶核不断生长，在二次枝晶臂上会有三次枝晶形成，通过竞争生长，有的三次枝晶被淘汰，有的三次枝晶生长成为一次枝晶。通过一次枝晶间的竞争生长，枝晶列逐渐达到稳态。枝晶生长达到稳态后，如果凝固条件不变，一次枝晶间距不再变化。

当枝晶间间距较小时，枝晶通过湮没机制调整间距。Hunt 等[44] 认为能否发生枝晶湮

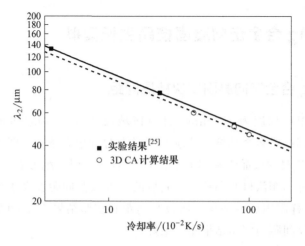

图 4.34　定向凝固 Al-3.9 wt%Cu-0.9 wt%Mg 合金二次枝晶间距

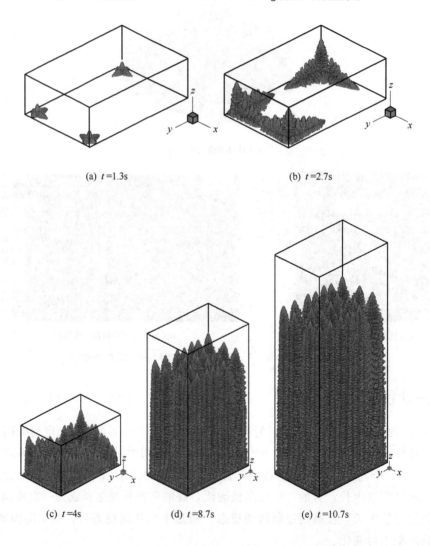

(a) t=1.3s　　　　　　　　(b) t=2.7s

(c) t=4s　　　　(d) t=8.7s　　　　(e) t=10.7s

图 4.35　定向凝固 Al-11.6 wt%Cu-0.85 wt%Mg 合金组织演变过程

没由溶质扩散决定。图 4.36 为计算得到的 $t=4\mathrm{s}$ 时相邻四个枝晶尖端形态和不同位置处溶质浓度分布情况。由图可知，对于 1 号枝晶，枝晶尖端处溶质浓度大于 1 号和 2 号枝晶间相同高度位置处的溶质浓度，因此枝晶尖端溶质向枝晶间扩散；而对于 2 号枝晶，枝晶尖端溶质虽然可以向枝晶间扩散，然而，左侧二次枝晶尖端溶质扩散更快。所以随着凝固的进行，2 号枝晶生长速度逐渐减缓，最终被淘汰。对于 3 号枝晶，虽然在枝晶尖端位置溶质能够向枝晶间扩散，但是相邻的 4 号枝晶尖端溶质扩散更快，因此，4 号枝晶生长速度较大，随着凝固的进行，3 号枝晶尖端溶质扩散逐渐减缓，最终被淘汰。所以，通过竞争生长，最终 1 号和 4 号枝晶能够继续生长，见图 4.36（c）。

根据 4.2 节的分析结果可知，当两个枝晶间间距较大时，枝晶间固液界面稳定性决定

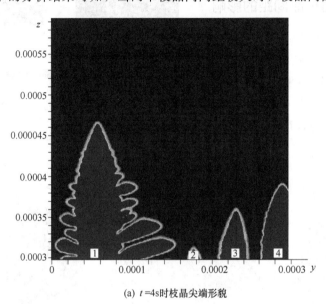

(a) $t=4\mathrm{s}$ 时枝晶尖端形貌

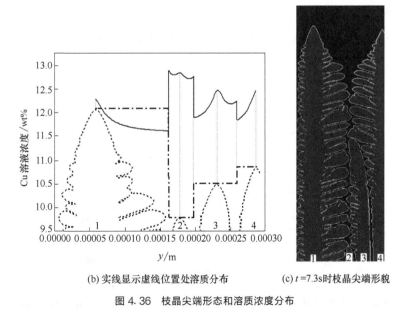

(b) 实线显示虚线位置处溶质分布　　(c) $t=7.3\mathrm{s}$ 时枝晶尖端形貌

图 4.36　枝晶尖端形态和溶质浓度分布

了枝晶间能否形成新的一次枝晶。图 4.37 为计算的间距较大的两个一次枝晶间三次枝晶生长过程。由图可知，此时枝晶间距较大，在二次枝晶臂上会有三次枝晶形成，但是随着二次枝晶和三次枝晶的生长，三次枝晶尖端溶质富集程度增大，枝晶尖端过冷度减小，因此，三次枝晶不能生长成为一次枝晶。

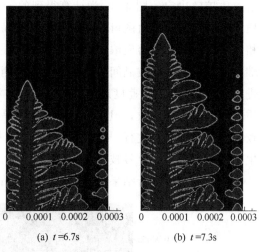

(a) $t = 6.7$s   (b) $t = 7.3$s

图 4.37　三次枝晶的形成和生长

4.6.3　凝固速度对枝晶间距的影响

图 4.38 为拉速为 $50\mu m/s$、$300\mu m/s$ 和 $400\mu m/s$ 时，稳态生长时的枝晶列尖端形态。图 4.39 为计算的平均一次枝晶间距随拉速的变化关系。为方便与实验结果对比，将实验结果[7] 也绘于图 4.39 中。可见，模拟结果与实验结果吻合很好。

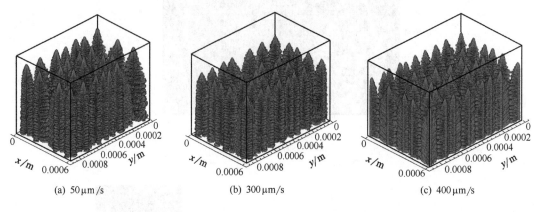

(a) $50\mu m/s$　　　　　(b) $300\mu m/s$　　　　　(c) $400\mu m/s$

图 4.38　模拟的不同凝固速度时稳态枝晶列尖端形态

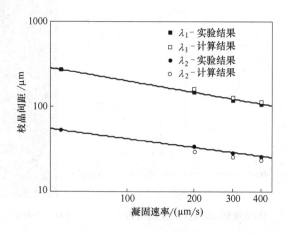

图 4.39　计算和实验获得的 Al-11.6 wt%Cu-0.85 wt%Mg 合金定向凝固枝晶间距

4.6.4 Mg含量对枝晶间距的影响

假设凝固界面前沿温度梯度为 $10\mathrm{K/mm}$，凝固速度为 $200\mu\mathrm{m/s}$，合金中 Cu 含量为 $11.6\mathrm{wt\%}$。模拟得到的稳态生长时的枝晶列尖端形态如图 4.40 所示。由图可知，随着

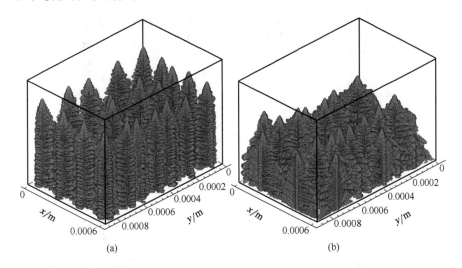

图 4.40 模拟的不同 Mg 含量 Al-Cu-Mg 合金定向凝固稳态枝晶列尖端形态

Mg 含量的增加，二次枝晶长度增大。这是因为当 Cu 含量固定时，随着 Mg 含量增加，合金凝固温度区间 ΔT_0 增大，由界面稳定性理论可知，ΔT_0 增大会使界面失稳的凝固速度范围增大，即当温度梯度和凝固速度相同时，ΔT_0 越大，固液界面越容易失稳，二次枝晶越发达。计算的平均一次枝晶间距和二次枝晶间距与 Mg 含量之间的关系见图 4.41。可见，随着 Mg 含量的增加，平均一次枝晶间距增大，平均二次枝晶间距减小。这是因为 Mg 含量越大，二次枝晶越发达，二次枝晶阻碍了三次分枝的形成和生长。

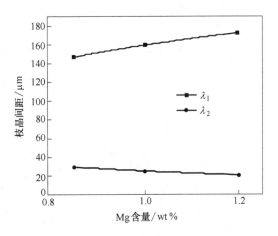

图 4.41 Al-Cu-Mg 合金定向凝固枝晶间距
与 Mg 含量的关系

4.7 Al-Cu-Mg 合金等轴晶生长模拟

4.7.1 异质形核及枝晶生长过程

初始时熔体温度均匀，熔体在不同冷却速率下凝固。首先模拟了形核接触角为 $28°$，$I_0^{\mathrm{heter}}=10^{39}$，冷却速率为 $10\mathrm{K/s}$ 时的形核和多枝晶生长过程。图 4.42 为计算的形核率和晶核密度与温度的关系，图 4.43 为形核及凝固组织形成过程。可见，随着温度的降低，

熔体内不断有晶核形成，晶核逐渐增多、长大，形成最终的凝固组织。

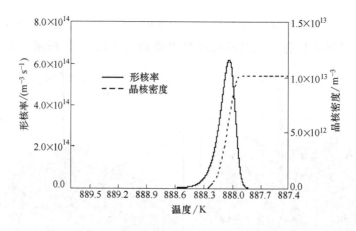

图 4.42　形核率、晶核密度与温度的关系（$\gamma = 28°$，$I_0^{heter} = 10^{39}$）

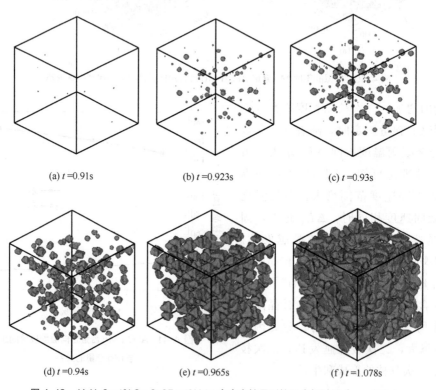

(a) $t = 0.91$s　　　　(b) $t = 0.923$s　　　　(c) $t = 0.93$s

(d) $t = 0.94$s　　　　(e) $t = 0.965$s　　　　(f) $t = 1.078$s

图 4.43　Al-11.6 wt%Cu-0.85 wt%Mg 合金多枝晶形核和生长过程（$\gamma = 28°$）

4.7.2　冷却速率对凝固组织的影响

图 4.44 为不同冷却速率下形核率和晶核密度与温度的关系，$I_0^{heter} = 10^{39}$，形核接触角为 28°。可见，随着冷却速率的增大，形核率升高，形核温度区间增大，晶核密度增大。图 4.45 为在不同冷却速率下的凝固组织。由图可知，随着冷却速率的增大，晶粒尺寸减小。

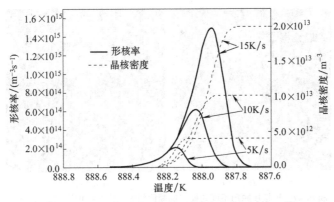

图 4.44　冷却速率对形核率和晶核密度与温度的影响（$I_0^{\text{heter}} = 10^{39}$，$\gamma = 28°$）

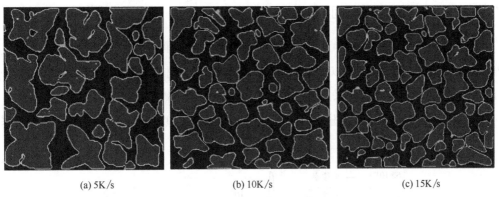

(a) 5K/s　　　　　　　(b) 10K/s　　　　　　　(c) 15K/s

图 4.45　不同冷却速率时的凝固组织（$I_0^{\text{heter}} = 10^{39}$，$\gamma = 28°$，$f_s = 53\%$）

4.7.3　形核接触角对凝固组织的影响

模拟形核接触角分别为 26°、28° 和 30°，$I_0^{\text{heter}} = 10^{39}$，冷却速率为 10K/s 时的形核和凝固组织形成过程。图 4.46 为取不同形核接触角时计算得到的形核率和晶核密度与温度的关系。从图可知，冷却速率相同时，随着形核接触角的增大，形核率减小，晶核密度减小。图 4.47 为形核接触角不同时模拟得到的凝固组织。可见，形核接触角越大，晶粒尺寸越大。

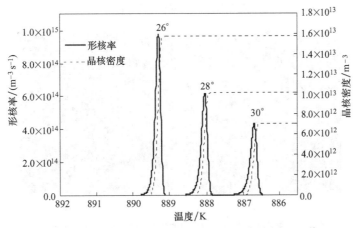

图 4.46　形核接触角对形核率和晶核密度的影响（$I_0^{\text{heter}} = 10^{39}$）

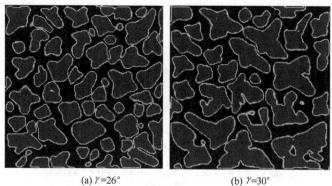

(a) $\gamma=26°$ (b) $\gamma=30°$

图 4.47　形核接触角不同时模拟的凝固组织　（$I_0^{\text{heter}} = 10^{39}$, $f_S = 53\%$）

4.7.4　形核质点密度对凝固组织的影响

由式（1.61）可知，熔体中异质形核质点密度的变化可以体现在 I_0^{heter} 变化上，I_0^{heter} 与形核质点密度成正比，因此可以通过改变 I_0^{heter} 值，考察形核质点密度对凝固组织的影响。图 4.48 为形核接触角为 $28°$，采用不同的 I_0^{heter} 计算的形核率和晶核密度与温度的关系。由图可知，随着 I_0^{heter} 的增大或形核质点密度的增大，形核率和晶核密度增大。图 4.49 为采用

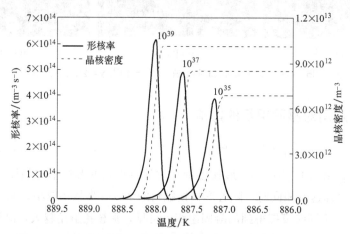

图 4.48　形核质点密度对形核率和晶核密度与温度的影响　（$\gamma = 28°$）

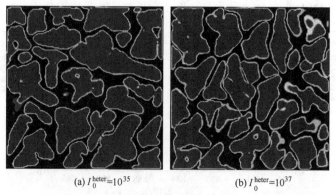

(a) $I_0^{\text{heter}}=10^{35}$ (b) $I_0^{\text{heter}}=10^{37}$

图 4.49　形核质点密度不同时模拟的凝固组织　（$\gamma = 28°$, $f_S = 53\%$）

不同 I_0^{heter} 模拟得到的凝固组织。可见形核质点密度越大,晶粒尺寸越小。

4.8 流动作用下 Al-Cu 合金的枝晶生长

4.8.1 流动对等轴晶生长的影响

为了对比,首先模拟无流动时的树枝晶生长过程。计算区域及边界条件设置见图4.50。熔体从计算区域左侧面流入,从右侧面流出,其他面均取对称边界条件。无流动时,$U=0$。合金熔体的无量纲过冷度 $\Delta=0.55$。图4.51为凝固时间 $t=0.12s$ 时的树枝晶形态。可见,在没有流动时,树枝晶各个枝晶臂对称生长,各个枝晶臂上均有二次枝晶生成。

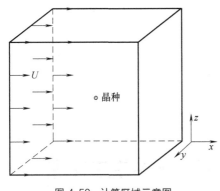

图 4.50 计算区域示意图

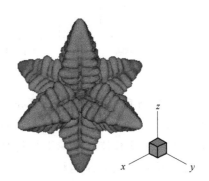

图 4.51 凝固时间 $t=0.12s$ 时的树枝晶形态

4.8.2 来流对过冷熔体中枝晶生长的影响

图4.52为来流速度不同时,模拟得到的树枝晶形态及流场。由图可见,熔体不仅可以从枝晶尖端绕过枝晶,而且可从枝晶臂之间的空隙流过。迎流侧一次枝晶长度明显大于背流侧一次枝晶长度。迎流侧二次枝晶发达,背流侧二次枝晶生长受到抑制。这是因为在迎流侧,流动加快了溶质传输,由于枝晶尖端生长排出的溶质能够随流动快速传递到下

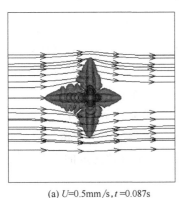

(a) $U=0.5mm/s, t=0.087s$

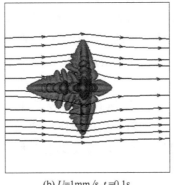

(b) $U=1mm/s, t=0.1s$

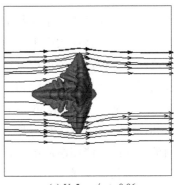

(c) $U=5mm/s, t=0.06s$

图 4.52 不同来流影响下时模拟的树枝晶形态

游，使枝晶尖端溶质浓度降低，从而促进枝晶生长。在背流侧，溶质传输速度较慢，枝晶尖端容易富集溶质，使枝晶生长受到抑制。随着来流速度的增大，迎流侧和背流侧枝晶长度的差别越来越大。与来流方向垂直的枝晶向来流方向偏转，这是由于流动导致枝晶尖端在迎流和背流两侧溶质浓度场不对称的结果，如图4.53所示。由图可知，随着来流速度的增大，流动对溶质传输作用增强，使得与来流方向垂直的枝晶尖端迎流和背流两侧溶质浓度分布的不对称程度增大，所以枝晶偏转的角度就增大。

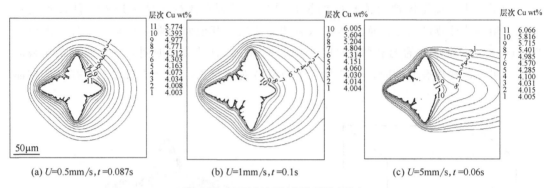

(a) $U=0.5\text{mm/s}, t=0.087\text{s}$ (b) $U=1\text{mm/s}, t=0.1\text{s}$ (c) $U=5\text{mm/s}, t=0.06\text{s}$

图4.53　不同来流下液相溶质浓度分布

（1）来流对枝晶尖端生长速度和半径的影响

图4.54为$U=0.5\text{mm/s}$时计算的枝晶尖端生长速度和枝晶尖端半径随时间的变化。可见，在0.1s内枝晶生长能够达到稳态。计算的迎流和与来流方向垂直的枝晶尖端生长速度大于无流动时的稳态生长速度，背流侧枝晶尖端生长速度小于无流动时的稳态生长速度。由图4.54还可以看出，流动作用下各个方向上的枝晶尖端半径均小于无流动时稳态枝晶尖端半径。

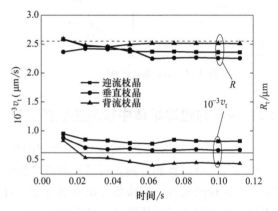

图4.54　计算的枝晶尖端生长速度和枝晶尖端半径

图4.55为稳态生长时迎流枝晶尖端生长速度、枝晶尖端半径与来流速度的关系。由图可见，枝晶尖端生长速度随来流速度的增大而增大，枝晶尖端半径随来流速度的增大而减小。根据式（4.34）可知，枝晶尖端生长速度与界面溶质浓度成反比，由于固相溶质浓度梯度很小，可以忽略，因此枝晶尖端生长速度与固液界面前沿液相溶质浓度梯度成正比。在流动作用下，液相溶质通过扩散和对流进行传输。如图4.56所示，对于传质控制的枝晶生长，随着来流速度增大，流动Péclet数$P_{\text{uc}}=UR_t/2D_L$增大，流动对溶质传输作用增强，枝晶尖端液相溶质浓度降低，固液界面前沿液相溶质浓度梯度随来流速度增大变化不大。所以随着来流速度的增大，枝晶尖端生长速度增大。

（2）来流对枝晶尖端选择参数的影响

Bouissou等[45]认为来流速度很小时，来流对三维枝晶尖端选择参数也有一定影响，

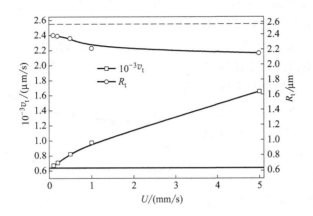

图4.55　迎流枝晶尖端生长速度、枝晶尖端半径随来流速度的变化

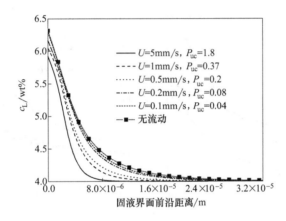

图4.56　来流对枝晶尖端前沿液相溶质浓度的影响

有、无流动时枝晶尖端选择参数与来流速度的关系可以用式（1.114）表示，对于溶质控制的枝晶生长，可用溶质扩散系数代替热扩散系数，即 $\chi_{3D}=a_{3D}(Re)Ud_0^s/[(15\varepsilon)^{3/4}D_LP_c]$。对于溶质控制的三维枝晶生长，尖端选择参数可以用式（4.44）计算[39]。图4.57为计算的枝晶尖端选择参数随时间的变化。可见，σ^*基本能够达到稳定值。

图4.58给出了稳态时迎流侧枝晶尖端的 σ_0^*/σ^* 和 $a_{3D}(Re)P_{uc}/P_c$ 的值。

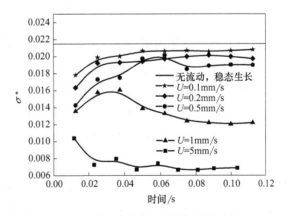

图4.57　枝晶尖端选择参数随时间的变化

从图可知，随来流速度增大，来流对枝晶尖端选择参数的影响增强。在模拟所用的来流速度范围内，σ^* 随来流速度增大而减小。σ^* 随来流速度的变化趋势与理论分析[45]也是一致的。由图4.58还可以看出，对 Al-4wt%Cu 合金，$\Delta=0.55$，当 $a_{3D}(Re)P_{uc}/P_c>0.1$ 时，

来流将显著影响枝晶尖端选择参数。

图 4.59 为熔体过冷度不同时所计算的 σ_0^*/σ^* 与流动参数的关系。由图可知，在一定范围内，来流速度相同时，来流对枝晶尖端选择参数的影响随着熔体过冷度的增大而增强。图 4.60 为 $\Delta=0.55$ 条件下，界面能各向异性取不同值时所计算的 σ_0^*/σ^* 与流动参数的关系。可见，过冷度相同时，来流对枝晶尖端选择参数的影响随着界面能各向异性的增大而增强。

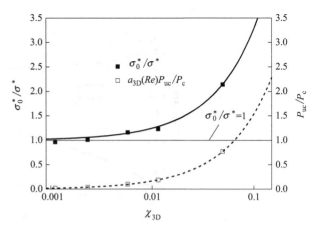

图 4.58　σ_0^*/σ^* 和 $a_{3D}(Re)P_{uc}/P_c$ 与来流的关系
（实线显示的是用 $\sigma_0^*/\sigma^*=1+b\chi_{3D}^c$ 拟合结果）

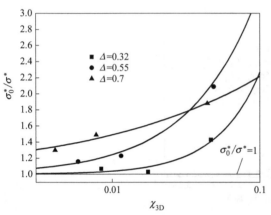

图 4.59　来流对不同过冷度熔体中枝晶生长的影响
（实线显示的是用 $\sigma_0^*/\sigma^*=1+b\chi_{3D}^c$ 拟合结果）

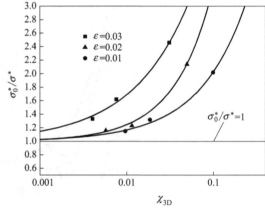

图 4.60　不同各向异性系数时 σ_0^*/σ^* 与来流的关系
（$\Delta=0.55$，实线显示的是用 $\sigma_0^*/\sigma^*=1+b\chi_{3D}^c$ 拟合结果）

将以上计算结果用函数 $\sigma_0^*/\sigma^*=1+b\chi_{3D}^c$ 进行拟合发现：①与传热控制的枝晶生长不同，在传质控制的枝晶生长过程中，$\sigma_0^*/\sigma^*=1+b\chi_{3D}^c$ 中的常数 b 和 c 依赖于熔体的过冷度和界面能各向异性。②对于给定的合金和过冷度，即使来流速度很小，流动对枝晶尖端选择参数 σ^* 也有显著影响。这与以往对纯物质的研究结果是不同的。例如 Jeong 等[46]模拟了 $\Delta=0.04$ 时，来流对丁二腈枝晶尖端选择参数的影响，模拟结果显示，σ_0^*/σ^* 随来流速度增大而缓慢增大，当 $U=5mm/s$ 时，$\sigma_0^*/\sigma^*=1.05$（如图 4.61 所示）。通过取与丁二腈相同的界面能各向异性系数，在与 Jeong 等[46] 所用相同的过冷度条件下，模拟来流作用下 Al-4 wt%Cu 枝晶的生长情况，计算给出的稳态生长时迎流侧枝晶尖端的 σ_0^*/σ^* 与来流速度的关系（如图 4.61 所示）。可见，来流对传质控制的合金枝晶生长要比传热控制的纯物质枝晶生长的影响强很多。当 $U=2mm/s$ 时 σ_0^*/σ^* 的值就达到 1.04，与丁二腈枝晶在来流速度为 5mm/s 条件下生长时的 σ_0^*/σ^* 值相当。这一差别可解释如下：纯物质树枝晶生长由热扩散控制，当来流影响到枝晶尖端前沿热边界层时，就会影响枝晶生长和

σ^*；合金树枝晶生长主要取决于溶质传输过程，当来流影响到枝晶尖端前沿溶质边界层时，就会影响枝晶生长和。对于对流传热、传质过程，通常可用普朗特数 $Pr = \nu/\alpha$ 表示热量的对流传输与扩散传输的比值，用施密特数 $Sc = \nu/D_L$ 表示溶质的对流传输与扩散传输的比值。因为通常 α 远大于 D_L，所以，相对于热量传输，对流对溶质传输过程影响更大。

（3）流动对 Péclet 数的影响

流动会影响枝晶尖端生长的 Péclet 数。图 4.62 为计算的枝晶尖端 Péclet 数与流动 Péclet 数的关系。可见，不同条件下计算的枝晶尖端 Péclet 数都随着流动 Péclet 数的增大而增大。Oseen-Ivantsov 解表明，二维枝晶生长时枝晶尖端 Péclet 数随着流动 Péclet 数的增大而增大。虽然二维枝晶生长的 Oseen-Ivantsov 解无法与三维枝晶生长计算结果进行定量比较，但从图中可以看出，计算结果与 Oseen-Ivantsov 解的趋势是一致的。

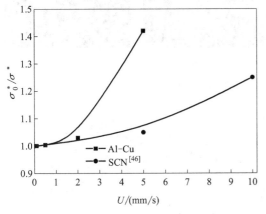

图 4.61　计算的 σ_0^*/σ^* 与来流速度的关系
（$\Delta = 0.04,\ \varepsilon = 0.0055$）

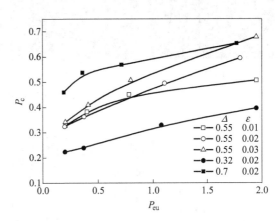

图 4.62　来流对枝晶尖端 Péclet 数的影响

4.8.3　流动对柱状晶生长模拟

假设沿 z 方向的温度梯度为 $7K/mm$，冷却速率为 $2K/s$。来流从区域左侧流入，从区域右侧流出。初始时在计算区域底部放置若干个晶核。

模拟的三维枝晶组织见图 4.63，模拟的流场见图 4.64。由图可见，来流使所有枝晶向着来流的方向偏转，这同样是因为流动使枝晶尖端在迎流和背流侧溶质分布不对称造成的（见图 4.65）。从图 4.65 可以看出，当没有来流时，枝晶尖端迎流和背流侧溶质对称

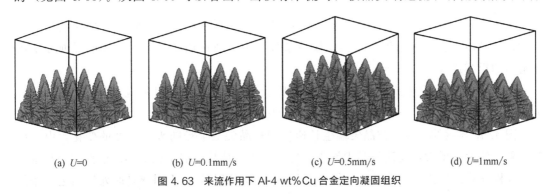

(a) $U=0$　　　　　(b) $U=0.1mm/s$　　　　　(c) $U=0.5mm/s$　　　　　(d) $U=1mm/s$

图 4.63　来流作用下 Al-4 wt%Cu 合金定向凝固组织

分布，在来流作用下，迎流侧溶质浓度低于背流侧。由图 4.65 还可以看出，来流速度越大，偏转的角度越大；迎流侧二次枝晶比背流侧二次枝晶发达。这些特征与来流作用下等轴晶生长的形态特征相同。在来流作用下，定向凝固枝晶尖端形态不再是对称的，而且随着来流速度的增大，一次枝晶臂呈变细的趋势，这是因为随着来流速度的增大，流动使背流侧溶质富集程度增大。溶质的富集不仅能抑制二次枝晶的生长，一旦溶质富集达到一定程度也会抑制了背流侧一次枝晶臂的生长。

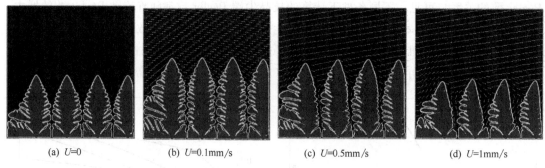

(a) U=0　　　　(b) U=0.1mm/s　　　　(c) U=0.5mm/s　　　　(d) U=1mm/s

图 4.64　来流作用下 Al-4 wt%Cu 合金定向凝固组织

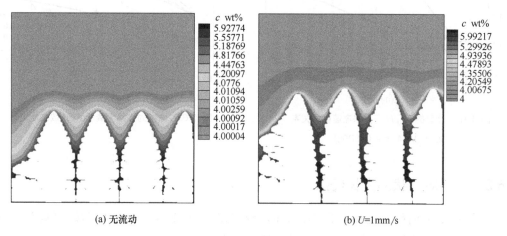

(a) 无流动　　　　　　　　　　(b) U=1mm/s

图 4.65　液相溶质浓度分布

4.9　格子-Boltzmann 方法模拟流动作用下枝晶生长

应用 2.1.5 节所述的格子-Boltzmann 模型模拟计算流体流动，应用三维元胞自动机模型计算 Al-Cu 合金枝晶生长过程。模拟条件与上一节所用条件相同，固液界面处采用无滑移的反弹格式。

图 4.66 显示的是来流速度不同时，模拟得到的枝晶形态。可见应用格子-Boltzmann方法计算流场与求解 N-S 方程计算流场模拟到的枝晶形态相似。

图 4.67 显示的是迎流枝晶尖端生长速度和枝晶尖端半径随来流速度的变化，由图可知，随来流速度增大，迎流枝晶尖端生长速度增大、枝晶尖端半径减小。模拟结果与求解N-S 方程计算流场获得的结果一致但稍有偏差。这种偏差是由于固液界面处流动边界条件

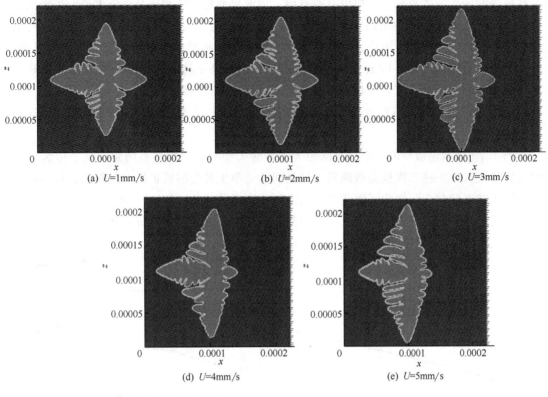

(a) U=1mm/s　　　　　(b) U=2mm/s　　　　　(c) U=3mm/s

(d) U=4mm/s　　　　　(e) U=5mm/s

图 4.66　Al-4wt%Cu 合金来流作用下生长

处理方式不同造成的。

　　图 4.68 为迎流枝晶尖端溶质 Péclet 数与流动 Péclet 数的关系。模拟结果与上一节模拟结果一致。求解 N-S 方程及格子-Boltzmann 方法计算流场，模拟得到的迎流枝晶尖端选择参数与无流动时尖端选择参数的比值可以用式 $\sigma_0^*/\sigma^* = 1 + b\chi_{3D}^c$ 表示，其中 $b =$ 7.73，$c =$ 11/14，见图 4.69。

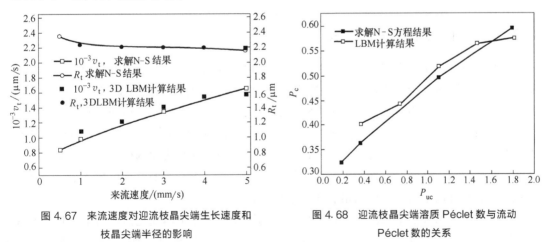

图 4.67　来流速度对迎流枝晶尖端生长速度和
枝晶尖端半径的影响

图 4.68　迎流枝晶尖端溶质 Péclet 数与流动
Péclet 数的关系

　　图 4.70 显示了流动对二次枝晶间距（λ_2）的影响。图中的二次枝晶间距取自与来流方向垂直的一次枝晶臂，模拟时间为 6.25×10^{-2} s。从图 4.70 可知，随着来流速度增大，

二次枝晶间距先增大后减小。原因有两方面：固液界面稳定性和枝晶竞争生长。当来流速度较小时，流动对溶质传输的作用较弱，当来流速度增大时，流动对溶质传输的作用增强，从而使固液界面前沿溶质富集程度降低，因此，固液界面前沿过冷度先减小后增大。导致当来流速度较小时，固液界面趋于稳定，二次枝晶不易形成，二次枝晶间距逐渐增大。当来流速度足够大时，使固液界面容易失稳形成二次枝晶，二次枝晶间距减小。所以，当固液界面刚刚失稳形成二次枝晶时的间距（λ_2^0）随来流速度增大先增大后减小，如图 4.70 所示。

图 4.70 显示，最终的二次枝晶间距大于界面失稳时的二次枝晶间距。这是因为枝晶间的竞争生长使一些二次枝晶被湮没。枝晶间的竞争生长受溶质扩散方向影响，枝晶间的液相流动状态较复杂，影响了固液界面前沿液相溶质的传输。图 4.70 给出了 $\lambda_2 - \lambda_2^0$，其值随来流速度增大而增大，可见流动对枝晶间竞争生长的影响随来流速度增大而增强。

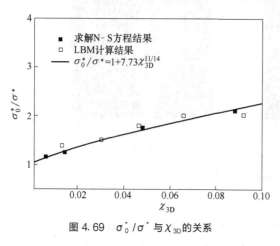

图 4.69　σ_0^*/σ^* 与 χ_{3D} 的关系

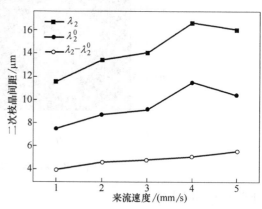

图 4.70　来流速度对二次枝晶间距的影响

4.10　重力作用下 Al-Cu 合金枝晶沉降

4.10.1　虚拟区域-拉格朗日方法

虚拟区域法的基本思想是把复杂的随时间变化的区域，扩展成更大的、形状简单的区域，称为虚拟区域。控制流体流动的 N-S 方程和控制颗粒运动的刚体运动方程通过无滑移边界条件及作用在颗粒上的力和力矩耦合在一起进行求解，而刚体运动的限制通过一个拉格朗日乘子来施加。这一方法的优点是：①作用在颗粒上的力和力矩不再需要显式计算；②由于计算区域不再是随时间变化的，可以应用固定的结构化网格，不需要每一个时间步都重画网格和投影，从而大大节约了计算时间；③由于扩展的计算区域一般都是几何简单的，这样可以采用规则的网格和快速求解算法。

对于熔体中的枝晶生长问题，枝晶所占据的固体区域是不断变化的，为了模拟枝晶在重力作用下的沉降，可以将枝晶占据的固体区域扩展成大的区域，如图 4.71 所示的局部区域 Ω_l。

在全局区域 Ω_g 内，枝晶形态和尺寸直接通过二维插值法从局部区域获得。全局域内流动控制方程为：

$$\left[\rho_L(1-f_S)+\rho_S f_S\right]\left[\frac{\partial u}{\partial t}+(u\nabla)u\right]=$$

$$-\nabla p+\mu\nabla^2 u+\left[\rho_L(1-f_S)+\rho_S f_S\right]g+f \quad (4.46)$$

$$\frac{\partial\left[\rho_L(1-f_S)+\rho_S f_S\right]}{\partial t}+\nabla\{\left[\rho_L(1-f_S)+\rho_S f_S\right]U\}=0$$

$$(4.47)$$

式中，$f=\nabla D[\lambda]$ 为固体区域为保持刚性而引入的附加项，λ 为拉格朗日乘子。

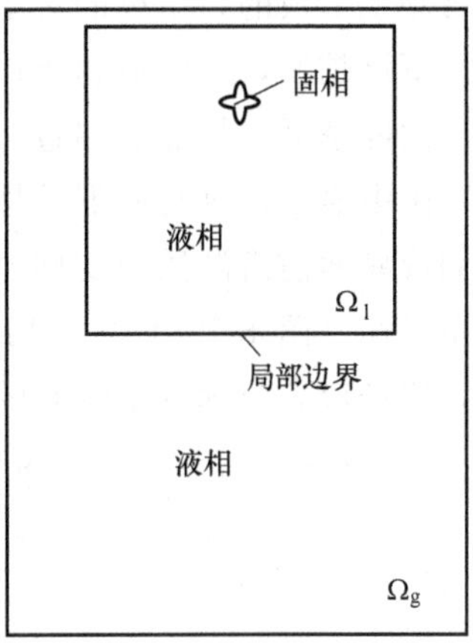

在固相区域内，不考虑枝晶的转动，为满足刚体运动约束条件，必须有：

$$u=U \quad (4.48)$$

式中，U 为枝晶移动速度。

已知 t 时刻的 u^n 和枝晶位置 $S(t)$，枝晶移动速度为：

$$U^n=\frac{1}{M(t)}\int_{S(t)}\rho_S u^n \mathrm{d}x \quad (4.49)$$

式中，$M(t)$ 为枝晶质量。

下一时刻枝晶位置 X 根据式（4.50）计算：

$$X^{n+1}=X^n+\left(\frac{U^{n+1}+U^n}{2}\right)\Delta t \quad (4.50)$$

在局部区域内包含了固相和液相，采用统一的控制方程。假设熔体为不可压缩流体，不考虑旋转项，则 N-S 方程为：

$$\frac{\partial u_1}{\partial t}+u_1\nabla u_1+\frac{\partial U}{\partial t}=-\frac{1}{\rho_L}\nabla p+\nabla\frac{\mu}{\rho_L}(\nabla u_1+\nabla u_1^T)+\frac{\mu}{H(f_S)}u_1 \quad (4.51)$$

$$\nabla u_1=0 \quad (4.52)$$

式中，u_1 为局部区域内流动速度；$H(f_S)$ 为界面渗透项。

局部区域边界流动速度可以直接从全局区域通过式（4.53）获得：

$$u_1=u_g-U \quad (4.53)$$

式中，u_g 为全局区域内流动速度。

图 4.71 中右上方为计算区域示意图。

图 4.71 计算区域示意图

4.10.2 Al-Cu 合金过冷熔体中等轴晶生长

模拟重力作用下 Al-4wt%Cu 合金过冷熔体中，树枝晶生长及沉降过程。熔体温度为 917K。初始时，在计算区域顶部放置一个晶核，随着枝晶的生长，在重力作用下，枝晶逐渐下沉，如图 4.72 所示。

图 4.73 显示的是计算获得的流场和溶质浓度场。在全局区域内形成了两个对称的涡流，这种熔体在枝晶下

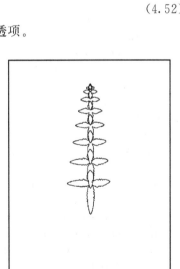

图 4.72 重力作用下枝晶生长及沉降

沉带动下形成的，熔体的流动反过来又影响枝晶的生长，两者之间具有复杂的耦合作用。枝晶下沉越快，熔体流动越快，使溶质传输速度加快，垂直向下的枝晶尖端固液界面前沿溶质浓度越低，枝晶尖端过冷度越大，使枝晶生长速度增大。图 4.73（b）为溶质浓度场。图中显示，垂直向下的枝晶尖端固液界面前沿液相溶质浓度梯度较大，向上的枝晶尖端固液界面前沿溶质浓度梯度较小，并有溶质富集，因此枝晶生长速度较小，致使枝晶形态不对称。图 4.73（c）为局部区域内液相流场的计算结果，局部区域流动速度为相对速度，流场形态与远场来流时的流动形态相似。

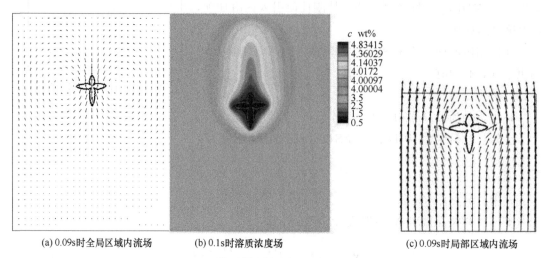

(a) 0.09s时全局区域内流场　　(b) 0.1s时溶质浓度场　　　　　　(c) 0.09s时局部区域内流场

图 4.73　计算得到的流场及溶质浓度场

参考文献

［1］ Wang W，Lee P D，McLean M. A model of solidification microstructures in nickel-based superalloys：predicting primary dendrite spacing selection. Acta Mater，2003，51：2971-2987.

［2］ Zhu M F，Cao W，Chen S L，et al. Modeling of microstructure and microsegregation in solidification of multi-component alloys. JPEDAV，2007，28：130-138.

［3］ 戴挺，朱鸣芳，陈双林，等. 铝基四元合金枝晶组织及微观偏析的数值模拟. 金属学报，2008，44：1175-1182.

［4］ Jarvis D J，Brown S G R，Spittle J A. Modeling of non-equilibrium solidification in ternary alloys：comparison of 1D，2D，and 3D cellular automaton-finite difference simulations. Mater Sci Tech，2000，16：1420-1424.

［5］ 郭大勇，杨院生. 三元合金凝固过程枝晶生长数值模拟. 铸造，2006，55：601-607.

［6］ Lee P D，Chirazi A，Atwood R C，et al. Multiscale modeling of solidification microstructures, including microse-gregation and microporosity, in an Al-Si-Cu alloy. Mater Sci Eng A，2004，365：57-65.

［7］ Zhang X F，Zhao J Z，Jiang H X，et al. A three-dimensional cellular automaton model for dendritic growth in multi-component alloys. Acta Mater，2012，60：2249-2257.

［8］ Rappaz M，Gandin Ch-A. Probabilistic modelling of microstructure formation in solidification processes. Acta Metall Mater，1993，41：345-360.

［9］ Gandin Ch-A，Rappaz M. A coupled finite element-cellular automaton model for the prediction of dendritic grain structures in solidification processes. Acta Metall Mater，1994，42：2233-2246.

［10］ Rappaz M，Gandin Ch-A，Desbiolles J L，et al. Prediction of grain structures in various solidification processes. Metall Mater Trans A，1996，27：695-705.

［11］ Spittle J A，Brown S G R. A cellular automation model of steady-state columnar. dendritic growth in binary alloys. J Mater Sci，1995，30（16）：3989-3994.

[12] Brown S G R, Williams T, Spittle J A. A cellular automaton model of the steady-state "free" growth of a non-isothermal dendrite. Acta Metall Mater, 1994, 42 (8): 2893-2898.

[13] See D, Atwood R C, Lee P D. A comparison of three modeling approaches for the prediction of microporosity in aluminum-silicon alloys. J Mater Sci, 2001, 36: 3423-3435.

[14] Dong H B, Lee P D. Simulation of the columnar-to-equiaxed transition in directionally solidified Al-Cu alloys. Acta Mater, 2005, 53 (3): 659-668.

[15] Dong H B, Yang X L, Lee P D. Simulation of equiaxed growth ahead of an advancing columnar front in directionally solidified Ni-based superalloys. J Mater Sci, 2002, 39: 7207-7212.

[16] Zhu M F, Kim J M, Hong C P. Modeling of globular and dendritic structure evolution in solidification of an Al-7mass%Si alloy. ISIJ Int, 2001, 41: 992-998.

[17] Zhu M F, Hong C P. A three dimensional modified cellular automaton model for the prediction of solidification microstructures. ISIJ Int, 2002, 42: 520-526.

[18] Zhu M F, Hong C P. Modeling of microstructure evolution in regular eutectic growth. Phys Rev B, 2002, 66: 155428.

[19] Zhu M F, Hong C P. Modeling of irregular eutectic microstructures in solidification of Al-Si alloys. Metall Mater Trans A, 2004, 35 (5): 1555-1563.

[20] Zhu M F, Dai T, Lee S Y, et al. Modeling of solutal dendritic growth with melt convection. Comput Math, 2008, 55: 1620-1628.

[21] Zhu M F, Kim J M, Hong C P. A modified cellular automaton model for the simulation of dendritic growth in solidification of alloy. ISIJ Int, 2001, 41: 436-445.

[22] Zhu M F, Hong C P, Stefanescu D M, et al. Computational modeling of microstructure evolution in solidification of aluminum alloys. Metall Mater Trans B, 2007, 38: 517-524.

[23] Zhu M F, Lee S Y, Hong C P. Modified cellular automaton model for the prediction of dendritic growth with melt convection. Phys Rev E, 2004, 69: 061610.

[24] Shin Y H, Hong C P. Modeling of dendritic growth with convection using a modified cellular automaton model with a diffuse interface. ISIJ Int, 2002, 42 (4): 359-367.

[25] Lee S Y, Lee S M, Hong C P. Numerical modeling of deflected columnar dendritic grains solidified in a flowing melt and its experimental verification. ISIJ Int, 2000, 40: 48-57.

[26] Nastac L. Numerical modeling of solidification morphologies and segregation patterns in cast dendritic alloys. Acta Mater, 1999, 47 (17): 4253-4262.

[27] Beltran-Sanchez L, Stefanescu D M. A quantitative dendrite growth model and analysis of stability concepts. Metall Mater Trans A, 2004, 35 (8): 2471-2485.

[28] Sasikumar R, Sreenivasan R. Two dimensional simulation of dendrite morphology. Acta Metall Mater, 1994, 42: 2381-2386.

[29] Beltran-Sanchez L, Stefanescu D M. Growth of solutal dendrties: a cellular automaton model and its quantitative capabilities. Metall Mater Trans A, 2003, 34: 367-382.

[30] Schaefer R J, Coriell S R. Convection-induced distortion of a solid-liquid interface. Metall Trans A, 1984, 15: 2109-2115.

[31] Huang W D, Geng X G, Zhou Y H. Primary spacing selection of constrained dendritic growth. J Cryst Growth, 1993, 134: 105-115.

[32] Andersson J O, Ågren J. Models for numerical treatment of multicomponent diffusion in simple phases. J Appl Phys, 1992, 72: 1350-1355.

[33] Jönsson B. Assessment of the mobility of carbon in fcc C-Cr-Fe-Ni alloys. Z Metallkd, 1994, 85: 502-509.

[34] Li J S, Nishioka K, Holcomb E R C. Thermodynamic analysis of the driving force for forming a critical nucleus in multicomponent nucleation. J Cryst Growth, 1997, 171: 259-269.

[35] 郝士明. 材料热力学. 北京: 化学工业出版社, 2004.

[36] Buhler T, Fries S G, Spencer R J, et al. A thermodynamic assessment of the Al-Cu-Mg ternary system. J Phase Equilb, 1998, 19 (4): 317-333.

[37] Gurevich S, Karma A, Plapp M, et al. Phase-field study of three-dimensional steady-state growth shapes in directional solidification. Phys, Rev E, 2010, 81: 011603.

[38] Langer J S, Krumbhaar H Müller. Theory of dendritic growth. I. Elements of a stability analysis. Acta Metall, 1978, 26: 1681-1687.

［39］ Pan S Y，Zhu M F. A three-dimensional sharp interface model for the quantitative simulation of solutal dendritic growth. Acta Mater，2010，58：340-352.

［40］ Dantzig J A，Rappaz M. Solidification. Lausanne：EPFL Press，2009.

［41］ Dinsdale A T. SGTE data for pure elements. Calphad，1991，15：317-425.

［42］ Zhang R J，Jing T，Jie W Q，et al. Phase-field simulation of solidification in multicomponent alloys coupled with thermodynamic and diffusion mobility databases. Acta Mater，2006，54：2235-2239.

［43］ Xie F Y，Kraft T，Zuo Y，et al. Microstructure and microsegregation in Al rich Al-Cu-Mg alloys. Acta Mater，1999，47：489-500.

［44］ Hunt J D，Lu S Z. Numerical modeling of cellular/dendritic array growth：spacing and structure predictions. Metall Mater Trans，1996，27：611-623.

［45］ Bouissou P，Pelce P. Effect of a forced flow on dendritic growth. Phys Rev A，1989，40：6673-6680.

［46］ Jeong J H，Dantzig J A，Goldenfeld N. Dendritic growth with fluid flow in pure materials. Metall Mater Trans A，2003，34：459-466.